果蔬商品生产新技术丛书

提高枣商品性栽培技术问答

主 编

于 毅 郭庆宏

编著者

徐康禾 李福友 白连珍

张学乐 刘振宾 张毓贤

宋 燕 李 娜 张军利

金盾出版社

内 容 提 要

本书是由山东省农业科学院植物保护研究所的专家编著。以问答形式对如何提高枣商品性作了通俗的解答。内容包括：概述，根系，枝芽特性，叶片特征，花果管理，枣树育苗，建园，土壤管理，营养与施肥，枣园浇灌，枣树整形修剪，安全生产，枣树主要病虫害防治以及采收、贮藏和保鲜。该书语言通俗易懂，内容丰富，可操作性强，适合农业技术人员和广大果农使用。

图书在版编目(CIP)数据

提高枣商品性栽培技术问答/于毅，郭庆宏主编．—北京：金盾出版社，2009.12
（果蔬商品生产新技术丛书）
ISBN 978-7-5082-5918-5

Ⅰ．提… Ⅱ．①于…②郭… Ⅲ．枣—果树园艺—问答 Ⅳ．
S665.1-44

中国版本图书馆 CIP 数据核字(2009)第 123191 号

金盾出版社出版、总发行
北京太平路 5 号(地铁万寿路站往南)
邮政编码：100036 电话：68214039 83219215
传真：68276683 网址：www.jdcbs.cn
封面印刷：北京精美彩色印刷有限公司
正文印刷：北京军迪印刷有限责任公司
装订：第七装订厂
各地新华书店经销
开本：850×1168 1/32 印张：6.125 字数：148 千字
2010 年 10 月第 1 版第 2 次印刷
印数：8 001～16 000 册 定价：10.00 元
（凡购买金盾出版社的图书，如有缺页、
倒页、脱页者，本社发行部负责调换）

前　言

　　目前,绿色食品、有机食品、生态食品、自然食品的生产和贸易发展十分迅速,市场容量也在迅速扩大,发展安全绿色食品已经显示出广阔的前景。随着经济收入水平和生活质量的提高,人们对食品的安全、保健、营养问题越来越讲究,追求"无公害"的"放心"食品,安全优质的绿色食品日益受到消费者的欢迎。特别是加入WTO后对我国农产品生产贸易产生深刻的影响,发展安全食品将有助于提高我国农产品的市场竞争力。我国加入 WTO 后,许多不占优势的农产品面临从根本上提高质量、降低成本、增强竞争力的严峻挑战。发展安全绿色食品,将有利于促进标准化建设,提高农产品质量,扩大产品出口。

　　随着我国枣产量不断增加,在集中采接期,产品供给相对过剩,优质、安全得枣类产品必将成为红枣产业又一个新亮点。在今后一个时期,红枣生产在保证产量的同时,重点是全面提高产品质量和安全性,优化品种结构,实现红枣产业的可持续发展。

　　为了让大家更进一步地了解绿色的安全产品,掌握安全食品的生产过程,使广大枣农在红枣生产中有章可循,并且能够严格按照安全农产品的标准组织生产,提高红枣产品档次,实现红枣产业的第二次创业,我们参考相关农产品标准要求编制本书,以便指导生产。

　　本书着重从枣树的概念、根系、枝芽特性、叶片特征、花果管理、枣树育苗、建园、土壤管理、枣树营养与施肥、枣园灌溉、枣树整形修剪、枣树安全生产、枣树主要病虫害防治以及采收、贮藏、保鲜等十四个方面进行阐述。内容丰富,通俗易懂,可操作性强,可供从事枣树生产及广大果树爱好者的实际工作中参考。

由于水平所限,搜集的资料不够全,不妥之处在所难免,恳请读者不吝赐教,以便再版时修正。

编著者

目　录

一、概　述

1. 枣树的植物学分类是什么？

枣属（Ziziphus Mill.）是鼠李科（Rhamnaceae）50 多个属中最具经济价值的一个属，主要种有枣（Ziziphus jujube Mill）、酸枣（Z. acidojujuba C. Y. Cheng et M. J. Liu）、毛叶枣（Z. mauritiana Lam）等多种重要栽培果树及观赏、药用、蜜源和紫胶虫寄主植物。据刘盟军等研究分析，初步认定全世界约有枣属植物 170 种，12 个变种。枣属基本上是一个泛热带分布属，但有少数种延伸到两半球温带。枣属水平分布的北界约在英国伦敦（51°21′S）；垂直分布多在海拔 1 500 米以下，最高可达 2 800 米。

我国原产的枣属植物有 14 种、9 个变种，另有 4 个种从国外引进，除黑龙江外均有分布。

2. 枣树品种如何分类？

(1)按地区分　一般以年平均气温 15℃等温线为界，分为南枣和北枣两个生态型。

(2)按果实大小和果形分类

①按果实大小分为大枣和小枣两类。大枣如灵宝大枣、灰枣、赞皇大枣、阜平大枣等；小枣如金丝小枣、无核小枣、鸡心蜜枣等。

②将果实大小与果型、性状结合起来分类，可分为 6 类。小枣型：如金丝小枣、无核小枣、鸡心蜜枣、密云小枣等；长枣型：如郎枣、壶瓶枣、骏枣、赞皇长枣、灌阳长枣等；圆枣型：如赞皇圆枣、圆铃枣、缓德圆枣等；扁圆型：如冬枣、花红枣等；缢痕枣：如羊奶枣、葫芦枣、磨盘枣等；宿萼枣：如柿顶枣、五花枣等。

(3)按用途分类

①制干品种　主要特点是肉厚,汁少,含糖量和干制率均高,适宜制作红枣、乌枣、南枣等加工品种。制干品种达 224 个,其中有很多优良的地方名特品种,如金丝小枣、赞皇大枣、无核小枣、阜平小枣、圆铃枣、长木枣、核桃纹枣、扁核酸枣、鸡心枣、临泽小枣、大荔园枣、婆枣、灵宝大枣、郎枣和相枣等。

②鲜食品种　此类品种达 260 个,特点是皮薄,肉质嫩脆,汁多味甜,鲜食可口,营养成分极为丰富,维生素 C 含量高。如冬枣、临猗梨枣、大白铃、蜜蜂罐、大致枣、疙瘩脆枣、花红枣、彬县酥枣、不落酥、蛤蟆枣、甜瓜枣和瓶子枣等。

③兼用品种　可鲜食也可制干或加工蜜枣等产品,该类品种达 161 个。如金丝小枣、赞黄大枣、马连小枣、保德油枣、长红枣、中阳木枣、冷枣、蚂蚁枣、大荔秤锤枣、阿拉尔圆脆枣、民勤枣、小平顶、鸣山大枣、骏枣、灰枣、晋枣、壶瓶枣和板枣等。

④蜜枣品种　此类是适宜加工制作蜜枣的专用品种,数量有 56 个。特点是果大而整齐,肉厚质松,汁少,皮薄,含糖量较低,细胞空腔较大,白熟期皮色浅,含叶绿素少,呈乳白色或浅绿色,易吸糖汁,利于加工,提高加工产品的色泽品级。如义乌大枣、宣城尖(圆)枣、马枣、南京枣、睢县大枣、灌阳长枣、白蒲枣、平南大枣和连县木枣等。

3. 枣树主要有哪些特点?

(1)抗逆性强,管理方便　枣树的适应性和抗逆性极强。枣树抗寒、抗旱、耐盐碱、耐瘠薄和抗风沙等能力都很强,不论是山地、丘陵地,还是平原、沙滩、盐碱地,均能正常生长结果;枣树在冬季休眠期,遇 −31℃ 的低温,也能安全越冬。另外,枣树还能抗 10 级以上大风。

(2)营养丰富,用途广泛　枣果实中含钾、锌、钙、硒、铁等多种矿质元素和维生素 A、B、C、E 等多种微量元素,其中维生素 C 的含量极高,被誉为"活维生素丸"。枣含天门冬氨酸、苏氨酸、丝氨酸等人体必需的 18 种氨基酸,还含膳食纤维、糖、黄酮等营养物质。枣为药食同源食品,中医药学认为枣具有益心、润肺、合脾、健胃、养血安神、调百药、解药毒、助十二经等多种功效。枣除含有以上营养物质外,还含有抗癌物质——环磷酸腺苷,具有较强的抑制癌细胞作用。另外,据营养专家研究,总黄酮具有防治脑血管疾病的特殊功效,含硒食品具保健、防癌功能。所以,食枣可强身健体、增进食欲、美容养颜、延年益寿。故有"一日食三枣,终生不见老"之说。

(3)结果早,丰产性强　枣树成花容易,花量大,且具有当年分化、多次分化、当年成花、花期长等特点,丰产潜力大,稳产性强。如果管理得当,栽后当年就可开花结果,经济寿命长达千年以上,是一种收入相对稳定的木本粮食,铁杆庄稼。

(4)适宜间作多种农作物　枣树在各种果树中萌芽最晚,落叶最早,加之根稀叶疏,与间作的农作物如小麦、谷子、大豆、花生等物候期交错,可实现枣粮双丰收。由于枣粮间作可实现经济效益、生态效益和社会效益的有机结合,现已成为一种重点推广的农业产业化发展模式。

4. 栽培枣树最适宜的气候条件是什么?

枣树对气候、土壤的适应性很强,凡冬季最低气温不低于 $-31℃$,花期日平均气温稳定在 22℃ 以上,花后至秋季的日平均气温下降至 16℃ 以内,适宜结果期大于 100～120 天,土壤厚度在 30～60 厘米以上,排水良好,pH5.5～8.4,土表以下 5～40 厘米土层为单一盐分,如氯化钠低于 0.15%,重碳酸钠低于 0.3%,硫酸钠低于 0.5% 的地区,都能栽种。

枣树分布的主要限制因素是温度条件,枣树为喜温树种,其生长发育要求较高的温度,春季日平均气温达 13℃～14℃时开始萌芽;18℃～19℃时梢和花芽开始分化,20℃以上开花,花期适温为23℃～25℃;果实生长发育需要 24℃～25℃以上的温度;秋季气温降至 15℃以下时开始落叶,但枣树在休眠期较耐寒。

枣树对湿度的适应性较强,如南方降水量在 1 000 毫米以上,仍有枣产区;北方枣产区的年降水量多在 400～600 毫米,甚至在年降水量不足 100 毫米的甘肃敦煌地区也有枣树栽培。枣树在不同发育时期对湿度的要求不同,花期空气湿度过低,会严重影响坐果;果实发育后期至成熟期多雨,则影响果实发育,易引起裂果和烂果。枣树为喜光树种,如栽植过密或树冠郁闭,则影响发枝,叶片小且薄。

枣树抗风性较强,但花期大风会影响授粉受精,易导致严重的落花落果现象。果实成熟前如遇 6 级以上大风,易引起熟前落果。枣树在休眠期抗风性强。

5. 造成枣树低产或绝产的原因有哪些?

(1)品种不良,丰产性差 有些枣树品种或类型丰产性差,不易坐果。许多品种即使一些名优品种,由于栽培历史悠久,长期大量繁殖,在产地会出现许多变异类型。栽培品种的参差不齐势必影响枣园的产量,导致低产。

(2)枣股年龄老化,坐果率低 不同枣树品种枣股的结果寿命不一样。如梨枣以 1～2 年生枣股结果最好,5 年以上则结果差。鲁北冬枣以 2～6 年生枣股结果最好,10 年生以上枣股坐果率则很低。

(3)枝组结构不合理 如山地枣园的叶面积系数以 2.4 为最好,每平方米留枝量以 20 个二次枝为宜;平原枣园的叶面积系数比山地枣园略高。枝量过大过小都会造成树体结构不合理,枝组紊乱,光照差,细弱枝、徒长枝多,导致低产。

(4)土壤肥力低　有的枣园几年甚至多年不施肥,也不进行耕作或深翻,造成树体营养严重缺乏,也可导致枣树低产或绝产。

(5)盲目施肥,营养比例失调　有些枣区在枣树施肥上存在盲目性,只施入单一元素或一至二种元素肥料,如氮肥(碳铵、尿素等)。氮肥过量出现叶片黑绿,花少,坐果率低,枣果质量差等现象。

(6)花期遇不良天气　如果冬枣在盛花期遇高温、干燥或大风天气易造成焦花现象,在盛花期遇阴雨连绵,气温偏低,授粉受精不良,坐果率很低;在早春遇连续低温天气,影响枣树花芽分化,花量少,甚至不成花,从而导致低产。枣果着色期遇连续阴雨天气会造成枣果大批浆烂,导致低产甚至绝收。

(7)病虫害　为害枣树的主要害虫有绿盲蝽、枣尺蠖、枣黏虫、桃小食心虫、红蜘蛛、介壳虫、金龟子等。这些害虫一旦形成爆发性为害,就会影响枣树坐果,严重时可将枣叶吃光或使叶片失去光合功能,从而造成低产或绝产。对于开甲树,受甲口虫为害严重的,也可导致树体衰弱,甚至死亡,引起绝产;枣树病害主要有枣锈病、斑点病、疮痂病、枣炭疽病及轮纹病,发生严重时可造成大量叶片脱落甚至落光,引起低产或绝产。

6. 什么是枣树种质？如何做好枣树种质资源的调查、收集、保存和评价工作？

种质是决定生物遗传性状并将遗传信息从亲代传给后代的遗传物质,在遗传学上称为基因。种质可以是一个植株或某个器官,如根、茎、芽等组织以及花粉、细胞、甚至一个 DNA 片断,通常是指一个特定的基因型。种质资源的调查、搜集、保护和评价是对其科学开发利用的基础,对最大限度地发挥种质利用潜力具有决定性的意义。枣树种质资源的调查、收集、保存和评价,包括以下内容:

(1)种质资源的调查

①优良单株调查　包括分布特点、数量、生存环境条件、主要病虫害、开发利用现状和存在的问题。

②形态特征调查　包括植株及各器官如根、茎、叶、花、果和其他特殊器官的形态特征。

③生物学特性调查　包括生长习性、开花结果习性、物候期、抗病虫能力、抗逆性等。

④经济性状调查　包括早熟性、丰产性、稳产性、食用和加工品质、重要化学成分、耐贮运性、用途、综合利用价值等。

(2)枣树种质资源的收集

①原则　一是必须根据收集的目的和要求,单位的具体条件,确定收集的范围和数量,收集应在调查之后或结合调查,有计划、有步骤、有针对性、分期分批地进行。二是收集方式要不拘形式,可根据所得资料赴现场收集,也可托人代为收集,还可以结合资源调查进行收集。不管采取哪种方式都必须细致周到地做好登记和核对,做到清楚无误,没有遗漏,并做好分类。对于新的有价值的材料要不断予以补充。三是种苗的收集要遵守种苗调拨制度,搞好检疫。所收集的材料要可靠、典型、质量高、具有正常生命力。四是收集范围应由近及远,并根据需要和重要性逐步进行。

②收集方法　无论采用哪种收集方式,收集到的材料都应及时登记。登记项目为:编号、种类、类型、收集人姓名、收集地的自然条件,如海拔高度、经纬度、温度(年、月的平均温度,最高最低温度)、雨量(年降水量及其分布)、无霜期(初霜、终霜期)、土壤及地势等,收集的材料在当地的主要生物学特性和经济性状(树性、适应性、抗逆性、产量、品质、成熟期和贮藏性、用途等),主要优缺点,基本评价和发展利用意见等。

收集种质资源材料的种类根据保存方法的不同,可以是苗木,也可以是枝、芽等无性繁殖材料,但必须具有代表性和高度的生命力。收集到的种质材料在正式保存之前要妥善处理,如苗木要假植,接穗要冷藏。收集材料的最佳时期应在繁殖的最适期。种质资源的收集工作应始终由专人负责,做好从收集地鉴定、运输、繁殖到定植或其他正式保存前的一系列工作,以防差错或遗漏。收集的材料如果是种苗,应在收集到后立即检疫和消毒,并注意防止标签散失和苗木干枯。

枣树每类种质收集的数量依据收集材料的种类、特性和保存条件而定,当种质材料变异大、保存场地和资金充足时,要尽可能多收集一些;反之则少收集一些,但至少每个品种要种植保存5～10株。

(3)种质资源的集中保存　枣树种质资源的保存是研究和开发利用种质的基础和前提,而集中保存则具有方便管理和研究利用的优点。由于人为的砍伐破坏、动物和病虫的危害以及生态环境的恶化等因素,许多种质的生存受到严重威胁,一些珍贵种类趋于濒危甚至消失。因此,种质资源的保存工作十分迫切。

①保存范围　重要的具有综合优良性状可直接栽培或加工的类型;具有某种或某些特殊优良性状可以用作砧木、育种材料以及起源演化等研究的类型,珍稀濒危类型等。

②保存方式　一是就地保存。是指通过保护原产地的自然生态环境来保护种质。枣树的就地保存主要是对具有重要研究利用价值和历史纪念意义的古树采取的安全保护措施。二是异地保存。是指把各地收集的种质资源集中栽植保存在种质资源圃内,一般每个品种保存5～10株。异地保存是当前普遍采用的一种资源保存方式,具有占地少、管理方便、容量大、便于研究利用和参观等特点。由于不同种质的产地环境差异较大,异地保存应因树制宜采取有效措施,确保移栽成活率和正常的生长发育。三是离体保存。是指利用种质的某些器官如根、茎等组织甚至细胞在贮藏或组织培养条件下保存种质的方法。这种保存方式占用空间小,

管理方便,但对技术和保存条件要求高,保存时间较短。

(4)枣树种质资源的评价和利用 种质资源研究的最终目的,是为生产提供优良的基因型(品种)或为育种发掘有利的基因或基因组合。因此,收集、保存的种质材料必须及时地进行观察和鉴定、评价。评价的内容包括生态适应性、抗病虫特性、生长结果习性、生育期、主要经济性状等。评价的方法可采用原产地调查、资源圃统一观察和试验分析相结合。

①生态适应性评价 包括年周期中不同生长阶段最适宜的生态环境条件和抗逆性。逆境包括干旱、土壤贫瘠、土层薄、土壤盐碱或过酸、大风、晚霜和早霜、生长季低温或高温以及光照不足等。抗逆性评价可采用自然逆境出现期田间调查和人工创造逆境条件进行诱发鉴定。

②抗病虫能力评价 通过田间和诱发鉴定相结合,根据受害程度进行野生种质的抗病虫能力评价。

③结果性状评价 包括早实性、丰产性和稳产性。开始结果的树龄一般以50%以上的植株开始结果为准。丰产性评价一般至少需要3~5年的产量记录,并用平均值来表示。稳产性需要5年或更长时间的连续观察结果。

④枣果品质评价 枣果品质分为外观品质、风味品质、加工品质和贮运品质。外观品质包括形状、大小、色泽和果实整齐度。外观品质评价时的取样量不少于50个。其中果实大小用平均单果重来表示;整齐度用变异系数来表示。风味品质包括果肉质地、汁液多少以及糖、酸、维生素、单宁、芳香物质和特殊营养成分的含量。风味品质通常采用品尝法鉴定,即邀请多位专家,对各单项进行评议后再综合评价。加工品质评价包括加工适宜成熟度、加工适应性和加工成品评价;贮运品质评价包括不同成熟期在不同贮运条件下的耐贮运能力评价。外观品质和风味品质评价应在枣果充分成熟,品质达到最佳时进行。

⑤生育期评价　包括大发育周期中各个年龄时期和小发育周期年循环中的主要生长发育物候期。大发育周期的评价通常是在原产地或资源圃观察其初花年龄及产量逐年增减情况，一般不对调查植株采取提前结果的特殊措施；小发育周期内生育期的评价，通常根据器官出现及性状特征的发育，拟定若干个明显的物候期，至少包括萌芽、开花、果实成熟和落叶等，每一物候期再分为初期、盛期和末期来反应物候期持续的长短。

某一器官的生育期是指两个相应的物候期之间的间隔时间，如从萌芽盛期到落叶盛期为野生品种的生育期；从落花盛期到枣果成熟盛期为果实发育期。物候期来临的早晚、持续时间的长短以及不同物候期间生育期的长短，除了与遗传因素有关外，还受各种气象因素特别是积温的影响。生育期的评价一般在进入结果期后，连续进行 3～5 年才能获得比较精确的结果。

7. 枣树优良品种应具备哪些条件？

在同样的气候、环境和栽培管理条件下，不同品种之间的适应性、抗逆性、丰产性、耐贮运性、产品品质、商品价值以及经济效益等差异非常大。因此，应结合当地的土壤、气候、交通、市场等各种资源条件，有针对性地选择综合性状优秀的品种。

(1)早实性　优良品种应具有始果期早的特性。在一般的栽培条件和管理水平下，植株应生长旺盛、健壮，定植后第二年要有 80% 的植株开始结果，1～2 年生枝结果能力强、坐果率高，3 年生植株鲜果产量应达到 5 千克以上。

(2)丰产性　成花容易，坐果率高，枣股连续结果能力强，盛果期树单株鲜枣产量在 50 千克以上，每公顷产鲜枣 15 000 千克以上。

(3)优质性　鲜枣品种首先要求果皮薄，不裂果，肉质脆嫩，果汁多，风味佳，鲜食可口，甜中带酸；含糖量在 22.5% 以上，含酸

0.43%左右,可食率达 90%以上,每 100 克鲜枣中维生素含量在400 毫克以上;果实个大、均匀,外形美观,色泽艳丽,成熟期较一致,完全成熟后果皮全红,耐贮运。

(4)适应性 对外界环境条件有较强的适应能力,耐干旱、耐涝、耐瘠薄、耐盐碱,抗干热风,在表层土壤含水量为 8%左右时不落果,有较强的耐寒和耐高温能力。

(5)抗病性 对常见病害有较强的抗性,如枣疯病、枣锈病、斑点病、疮痂病等;对缩果病、裂果病、浆果病和炭疽轮纹病等果实病害的抗性强。

二、根　系

1. 枣树的根系可分为哪几种类型？

枣树的根系从功能上可分为两大类：一类是具有次生结构的褐色或黄褐色的根系，称为次生根；另一类是只具有初生结构的白色根，称为初生根。次生根起运输和贮藏作用，初生根按其功能和形态又分为吸收根和生长根。吸收根数量多且密，寿命较短，只有15～20天，老的吸收根不断被新的吸收根所代替，有短期增加吸收面积、分生大量侧根和迅速扩大根系的作用。

2. 不同类型根系对枣树的生长发育有什么影响？

不同类型的枣树，其生长根和吸收根的数量及比例差异很大。幼树、旺树其迅速生长根的数量和比例远远高于生长势弱的衰弱树和小老树。迅速生长根可促进地上枝叶生长，有增强树势的作用；缓慢生长根和吸收根对芽的发育和花芽的形成有利。

3. 枣树根系有哪些主要结构？

枣树的根系从结构上可分为水平根、垂直根、单位根和细根。

(1)水平根　水平根是枣树根系的骨架，有很强的延伸能力，主要沿水平方向向四周扩展。一般水平根分布的半径范围，为树冠半径的3～6倍。水平根多分布在10～40厘米深的土层，以1～30厘米的土层最多。水平根能分生单位根，形成根蘖繁殖新的植株。

(2)垂直根　垂直根由茎源根系形成或由水平根分枝向下生长形成。主要作用是牢固树体，吸收土壤深层的水分、养分。垂直根向下延伸的能力较强，土层厚，土质好，土壤透气性好，地下水位低的地块分布较深,但在一般土壤中,深度在 60 厘米左右。

(3)单位根 单位根由水平根分枝形成,延伸能力不强,长1～2 米,直径 1 厘米左右。分枝力很强,着生很多细根。主要功能是分生细根吸收水分养分和繁殖新株。单位根与水平根的连接处,能形成突起的萌蘖脑,抽生根蘖新株。单位根和水平根有互相转化的现象。

(4)细根 细根是枣树主要的吸收根系,直径1～2 毫米,由单位根分枝形成,群集在单位根周围,从形成到死亡无加粗生长。寿命很短,一般仅存活 1 个生长季,落叶后便大量死亡。在肥水充足、通气状况良好的土壤中,细根生长迅速,分枝密。遇旱、涝易死亡。土壤条件差,要改良土壤,增施有机肥,为细根的生长发育创造良好的条件。

4. 枣树根系的分布有何特点?

枣树 90％以上的根分布在地表下 10～60 厘米的土层中,并以 10～30 厘米深的土层最多,占全树总根数的 70％～75％。因此,施肥时应根据枣树根系的分布特点,施在根系分布集中的区域,不仅有利于根系吸收,还能充分发挥肥效。

枣树根系的分布与土壤条件、树龄树势以及管理措施有密切关系。黏壤土根系分布较深,砂壤土分布较浅;弱树的细根密度小且分布集中,旺树的细根量比弱树多,但分布较分散。3～5 毫米粗根的数量较多且分布较均匀,细根根系扩大迅速,极性生长强。

丰产、稳产的枣树细根数量最多,且分布比较集中、稳定,在水平和垂直方向上的分布特点明显,在各种土壤上的差异较弱树和旺树少,有利于养分的稳定供应并能适应不同的环境条件。这是土壤管理的目标,即要求有一定数量的细根,且分布均匀、稳定。在目前的管理条件下,枣树根系,特别是细根密度不是太大,而是太小。因此,凡增加根系密度(即使局部)的技术措施都是很好的管理措施。如枣园覆草、覆膜、穴贮肥水、沟肥养根等技术措施,均起到了养根壮树、提高肥料利用率、优质高产的作用。

5. 影响枣树根系发生及生长的因素有哪些?

影响枣树根系生长发育的因素是多方面的,概括起来可分为内部因素和外部条件。

(1)内部因素　一方面,枣树各个器官所需要的营养都依赖于光合作用,光合产物不足首先受影响的是对根系的供应,而叶片是光合作用的主要器官,保护叶片、提高叶片光合效能是提高树体营养水平的关键措施。因此,要加强枣树叶片管理,特别是对秋季叶片的保护,保叶养根,提高贮藏营养水平。另一方面,树体各器官之间存在养分竞争。枣树萌芽后,随着枝叶迅速生长和开花坐果,养分消耗主要在地上部,此时根系生长相对缓慢。当地上部枝叶和果实处于缓慢生长和停长时,大量的养分开始供应给根系,促进新根发生和生长。研究表明,运输到根系的养分大多数来自1~2年生营养枝。因此,有节奏和适度选留新生枣头对维持枣树根系生长是必不可少的。

(2)外部条件　水、肥、气、热是影响枣树根系生长发育的四大外部因素。水分过少,短期内根系增多,然后停长,逐渐死亡;水分过多,透气性差,根系处于厌氧呼吸状态,造成烂根、死根。根系正常生长需要的田间最大持水量在 $60\%\sim80\%$,在此范围内,幼旺树应适当偏旱,促进吸收根发生,利于早结果;老弱树应适当增加水分,促进生长根发生,恢复树势。

土壤养分含量不足,虽有利于建造新根,但根系功能差,吸收率低;在肥沃的土壤中,根系发育好,吸收根多,尤其是有机质含量越高,根系的活动范围广、持续时间长、吸收率高;氮、磷可刺激根系的生长,因此土壤中缺氮或缺磷均抑制根系的生长。

土壤的透气性是影响根系生长发育的又一重要因素。枣树根系正常生长发育,要求土壤空气中氧气的含量在 10%～15%,低于 5%时,不发新根,低于 3%时,根系停止生长,且开始死亡。因此,管理上在保证枣树正常需水的情况下,适当增加气相比例,并及时进行土壤改良,尽可能避免大水漫灌,雨后及时排水,通过深翻、松土等管理措施,保证根际土壤的透气性。

枣树根系生长的最适温度为 14℃～25℃。低于 7℃,根系停长,高于 30℃,也会制约根系生长。因此,在枣树栽培中,可通过早春覆膜、夏季覆草等技术措施来保持土壤温度相对稳定。

6. 施肥与枣树根系有何关系?

枣树的吸收根不断地衰老、死亡,被新的吸收根所取代,起短期增加吸收面积、增强吸收功能及同化合成作用。生长根起着分生吸收根,大量分生侧根和迅速扩大根系的作用。

旺长树其迅速生长根的数量大,反之则少。所以,可通过调节枝类组成来促进或控制生长根的类型。另外,土壤条件和肥料类型对生长根的类型也有很大影响。例如:土壤透气性差,氮多、水分充足、缺磷钾时,易产生迅速生长根,枝条生长快,树体出现徒长;反之,在透气性好的土壤中,磷钾充足,缺氮、干旱时,易产生大量缓慢生长根,可形成大量网状须根。

7. 什么是枣树根蘖?

枣树根蘖是根系受到刺激后,由不定芽发出的新植株,易产生根蘖是枣树根系的一个显著特点。枣树的根蘖多发生在水平根上。根蘖出土后,地上部生长较快,根系的发育速度相对较慢,近母树的一面更是很少发根。根蘖的产生,对树体营养消耗较大。因此,除用于分蘖繁殖苗木外,在田间管理上,要及时铲除枣树根蘖,防止营养消耗,有利于枣树的生长发育和开花坐果。

三、枝芽特性

1. 枣树的芽分为几种？在生长发育上有哪些规律？

枣树的芽有正芽和副芽两种。正芽为鳞芽,芽的外面裹有鳞片,位于发育枝和结果母枝的顶端,以及发育枝、结果基枝侧生叶腋中,当年一般不萌发。副芽为裸芽,没有芽鳞,在生长季中,随着发育枝或结果基枝延长生长,在各个叶腋中形成并萌发生长,或以芽的复合体的一部分,包裹在正芽之中。副芽位于正芽的侧上方,着生于发育枝中、上部的形成结果基枝,着生于发育枝下部或结果基枝、结果母枝上的都形成结果枝。

有的正芽因受到生长抑制时暂不萌发,称之为隐芽。隐芽的寿命,因所处位置的不同而有差异,主枝基部隐芽寿命较长,枝条顶端的隐芽寿命较短。枣树还易产生不定芽,不定芽多出现在主干、主枝基部或机械伤口处,无固定时间和部位,多由射线薄壁细胞发育而来。如在幼树改接时,截去大枝,在愈伤组织处可见到由形成的不定芽抽生成的发育枝。

2. 枣树的枝条分为哪几种？

枣树的枝条可分为生长性枝和结果性枝两类枝。

(1)生长性枝 生长性枝即发育枝,也叫营养枝,是形成枣树树冠骨架和结果枝系中轴的基础,又称"枣头"。

(2)结果性枝 结果性枝包括结果基枝、结果母枝和结果枝。

3. 枣树的结果性枝指哪些？有何生长规律？

枣树结果性枝包括结果基枝、结果母枝和结果枝。

(1)结果基枝 结果基枝又叫永久性二次枝,是着生结果母枝的主要枝类,呈"之"字形生长。

枣树的结果基枝当年停止生长后,枝梢不形成顶芽,以后不能再延长生长。结果基枝产生的数量、长度和节数取决于发育枝的长势和部位。

一般情况下,结果基枝加粗生长十分微弱。只有在其上的结果母枝转化抽生强旺的发育枝后,着生发育枝以下的一段基枝才会随发育枝一起加快加粗生长,而着生发育枝以上的部分,加粗生长仍很微弱。结果基枝的先端,随枝龄增长及营养状况变劣,会逐渐枯死,结果基枝长度逐渐缩短。枣树结果基枝寿命很长,一般在10年以上。

(2)结果母枝 结果母枝又称枣股,是由发育枝和结果基枝上的正芽萌发形成的短缩枝,其顶芽每年萌发抽生数条结果枝开花结果,是枣树着生结果枝的主要器官。结果母枝年生长量很小,仅0.1~0.2厘米,10多年生的老龄结果母枝的顶芽每年只萌发1次,抽生2~7条结果枝或更多。由于雹灾、病虫等危害,使结果枝和叶片大量损毁,或人为掰除时,还会萌发第二次,再次抽生数条结果枝,第二次抽生的结果枝,因营养差,均短小细弱,开花坐果能力差。

结果母枝的结果能力,1~2年生的幼龄期,抽生的结果枝数多为1~2条,而且枝短、叶小,结果能力差;3~6年生的壮龄期,抽生结果枝多为3~6条,结果能力最强;7~10年生以后的老龄期,抽生结果枝的能力明显下降。生产栽培上,应注意及时更新,保持85%左右的结果母枝为壮龄时期,可达到高产、稳产的目的。着生部位和着生方向不同,结果能力差异较大,一般发育枝上结果母枝的结果能力显著低于结果基枝上的结果母枝。在同一个斜生或平生的结果枝组上,着生在向上的和平生的基枝上的结果母枝结果能力比向下生长的高40%,甚至1倍左右。

(3)结果枝 结果枝又称枣吊、脱落性枝,是枣树开花结果的枝条,枣树叶片绝大部分着生其上,是进行光合作用的重要器官。结果枝纤细柔软,浅绿色,一般长 10～20 厘米,长势旺的长达30～40 厘米以上,无加粗生长。每个叶腋间能形成 1 个花序开花结果。秋季落叶后逐渐脱落。结果枝主要由结果母枝抽生,当年生的发育枝的基部节位和结果基枝每一节位也都抽生一条。结果枝一般没有二次生长,在开花期中停止生长。生长过旺的结果枝花期会出现次生长。一般来说,结果枝出现二次生长时,坐果率低,产量不高。结果枝一般不分枝,多单轴延长生长。但结果枝木质化时有分枝现象,枝的先端分生 1～2 个短枝,分枝有时也能分化少数花芽,但很少结果。

4. 枣树的枝芽间有何关系?

枣树的枝芽间以及生长性枝和结果枝之间,有相互依存、相互转化和新旧更替的关系。如枣树的主芽着生在枣头和枣股上,主芽萌发后则形成枣头和枣股,这两类枝条不但生长势不同,形态和功能也不一样。枣头和枣股可相互转化,枣股在受到修剪等刺激的情况下,可抽生枣头;枣头摘心后,抑制了一次枝的生长,使下部的二次枝转化为结果性枝。枣头上的二次枝由副芽形成,其上的主芽形成枣股,表明结果性枝依赖于生长性枝。

四、叶片特征

1. 枣树的叶片有何特征?

叶片是植物进行光合作用、气体交换和蒸腾的重要器官,枣树叶片互生,叶形为长椭圆形,平均长度为 4.9 厘米,宽 2.3 厘米,叶尖钝圆,两侧向正面微卷,叶色深绿,光亮。叶片大小、形态、发芽和落叶时期因品种、栽培条件、管理水平等因素的不同而有很大差异。树势强壮,光照充足,肥水条件好的叶片肥大,油绿;树势弱,树冠郁闭,透光条件差,则叶片变黄。每年秋季采果后,叶片逐渐褪绿变黄,日平均气温低于 15℃时随枣吊脱落。

叶片是光合作用过程中与产量关系密切,又是比较容易控制的因素。所以,研究枣树叶片和叶幕的形成及功能,对枣树的产量形成有很重要的意义。所谓叶幕,就是树冠所着生叶片的总数。在枣树栽培管理上,合理的叶幕结构应是总叶面积相对较大,能充分利用光能而不致严重挡光,使冠内的最弱光照至少能满足其本身最低需光要求。

2. 叶幕的形成与哪些因素有关?

叶幕的形成速度与树种、品种、环境条件和栽培管理水平关系密切。凡生长势强的品种,幼龄树以及以长枝为主的枣树,叶幕形成的时间较长、叶片形成的高峰出现晚。反之,生长势弱、短枝型或势弱品种、衰老树及以短枝结果为主的品种,其叶幕形成早,高峰出现也早。叶面积增大最快的时期出现在短枝停长期。

3. 枣树光合产量与哪些因素有关？

枣树的光合产量和叶幕光合面积密切相关。叶幕的光合面积、光合效能和光合时间是决定枣树产量的三要素。据夏树让等报道：根外喷施叶面肥可促使叶片发育，提高叶片光合效能，生长期间每 10～20 天喷洒 1 次"天达-2116"1 000 倍液，更有利于叶片肥大。此外，还与光合产物的合理分配、利用有关。因此，叶幕结构、叶面积数量是否合理与枣树的产量关系密切。

4. 什么是叶面积系数？

叶面积系数是指总叶面积占土地面积的比例。叶面积系数能较准确地反映单位叶面积或单株叶面积数量，其数值高说明叶片多；反之则少。叶幕的叶面积系数与单叶的大小，枝梢节间长短，长、中、短枝梢的比例，萌芽力、成枝力等综合因素有关。在一定范围内（叶面积系数低于 5～8 时），单位面积产量与叶面积系数成正相关，高于此数值后产量反而下降。叶面积系数低于 3 时，产量随叶面积系数的减少而迅速下降。

五、花果管理

1. 枣树花芽分化有什么特点?

枣树花芽当年分化,当年开放,分化速度快,单花分化期短,而全树分化持续期长。1个单花分化时间仅8天左右,1个花序分化期6~20天,1个结果枝的分化期持续1个月左右,1株树花芽分化期长达2~3个月之久。成龄结果大树的绝大部分结果枝,是由多年生的结果母枝抽生的,花芽分化期较整齐集中,从发芽展叶后开始,到盛花末期前结束,历时70多天。

枣树花芽分化和树体营养状况有密切关系,树体营养状况好,分化的花芽质量好且花芽数量多,花的结实率高,营养状况差,则花芽分化的量和质都差,结实率也低。一般结果枝基部1~2节和梢部数节若因营养状况较差,则分化花的数量少,花的质量较差,开放后很少坐果;而其余各节的花不仅形体大,花量也多,花的质量较好,坐果率也高。加强秋季落叶前管理和春季发芽前后的施肥浇水,有利于增加树体营养,分化出数量多的高质量花芽。

2. 枣树开花有什么规律?

枣花开放以幼树最早,衰老树最晚,二者相差8~10天。同一树上,树冠外围花开放最早;多年生枣股抽生的结果枝上的花最先开放,当年生发育枝上的花最后开放。枣吊的开花顺序是从近基部逐节向上开放。

花序中则中心花(一级花)先开,依次开放二级花、三级花至多级花。枣的花序最多6级,但六级花大多质量差,发育不良而脱落。

在正常天气情况下,从蕾裂到花丝外展的6个时期大多在1

天中完成,从蕾裂至柱萎经历 2～3 天,柱头授粉的时间长达 30～36 个小时。柱萎以前,柱头都有接受花粉的能力。

枣花开放时,受光线的影响较小,但受气温的影响很大,并且要求较高的温度,温度达到 20℃时开始开花,连日高温会加快开放进程,缩短花期。短时间的小雨可导致温度下降,则会延缓花蕾开放,引起开花量骤然下降,开花进程不齐。高温对冬枣花开放和坐果没有直接的不利影响,日平均气温 33℃以上,最高气温超过 37℃～40℃时,开放的花朵还能坐果。

3. 为什么枣树有严重的落花落果现象?

枣树落果严重,一般坐果率为 0.1%～1%。造成这一现象的主要原因与枣树的生物学特性、管理水平及气候条件等有关。枣树花芽当年形成、当年分化,一边生长一边分化,分化量大、分化时间长。枝叶生长、开花及幼果发育同时进行;营养消耗多,养分竞争激烈。这是造成枣树严重落花落果的重要原因。枣花的受精需要适宜的温、湿度,过高或过低都不利于授粉受精。花期遇不良天气,如低温、干旱、多风、连阴雨等,都会影响花粉的萌芽和花粉管生长,造成授粉受精不良,大量落花落果。

4. 枣树开甲需注意哪些问题?

(1)甲口的宽窄要根据树干粗度和树势而定 树大干粗的枣树甲口宜宽,树小干细的枣树甲口宜窄些。甲口太窄则愈合早,起不到提高坐果率的作用。甲口太宽,则愈合慢,甚至不能愈合,造成树势弱坐果率低,也达不到开甲的目的,严重时会导致死树。病弱树要停甲养树,否则越开甲越弱,甚至死树。

(2)甲口要平整光滑 甲口不留毛茬、无裂皮,整圈甲口宽度要一致,要切断所有韧皮部,不留一丝。俗语云:"留一丝,歇一枝"。

(3)防止甲口受害 开甲后每隔 1 周,在甲口内涂杀虫剂,可用 40%毒死蜱乳油 100 倍液涂抹 2～3 次。20 天以后,甲口抹泥可促使愈合。

5. 枣树开甲后,甲口不愈合是什么原因? 应怎样矫治?

枣树甲口不愈合的原因,除环剥过宽过重或伤及木质部外,剥口遭受灰暗斑螟幼虫蛀食也是一个常见的因素。防治灰暗斑螟为害的方法是在环剥后 5 天,伤口喷涂杀虫剂,可选用菊酯类农药,每隔 5 天 1 次,尽可能选择持效期长的药剂。如出现伤口逾期没有完全愈合,应将伤口清理,并用塑料膜包裹,或涂抹伤口愈合剂,以促进愈合。个别树确因多种原因而无法愈合的,应考虑进行桥接。

6. 枣树花期喷施哪些植物生长调节剂和微量元素可以提高坐果率?

生产上主要有赤霉素(常用 GA₃)、萘乙酸、吲哚乙酸、2,4-D、芸薹素等。常用的微量元素有硼酸钠(硼砂)、硼酸、稀土等。这些植物生长调节剂和微量元素,能促进花粉萌发和花粉管伸长,促进受精或能刺激单性结实,可以提高坐果率。在配制赤霉素时,应先用少量酒精将赤霉素溶解,然后再加水。如果没有酒精,用高度白酒也可以。稀土易在酸性溶液中溶解,配制时,取适量水加入食醋,调节水溶液的 pH 为 5.5～6,然后加入稀土,待溶解后按比例加水。喷施时,选择晴朗无风的天气,植物生长调节剂可与微量元素混合施用,喷施以树叶滴水为度。花期可喷 2～3 次,间隔 5～7 天。

7. 什么时间喷布赤霉素为好?

喷布赤霉素以盛花初期最为有利。一般在全树多数结果枝开花量达到花蕾量的 30％～50％时喷布 1 次,能使坐果量达到丰产要求。如延迟喷布时间,会造成坐果过量,增加生理落果比例,使果实变小。只有在喷后 5～6 天内,遇到降温天气,赤霉素刺激枣花坐果的气温下降至坐果低限以下而未能坐果时,才需补喷第二次。

8. 枣树花期喷水有何作用?

花期喷水,可提高空气相对湿度,增加坐果量。枣树花期多干旱,空气相对湿度低,对花粉发芽不利,从而影响受精坐果。如花期遇干旱天气,用喷雾器向树冠上均匀喷清水,可明显提高坐果率。喷水时间应以下午 5 时以后为宜。因此时喷水可以错开枣花散粉的时间,且维持湿润的时间长,利于花粉发芽,一般每隔 3 天喷布 1 次,连喷 2～3 次即可,特殊干旱年份应喷多次。

9. 为什么枣树花期喷水可以提高坐果率?

枣花粉发芽需要较高的湿度,空气相对湿度在 80％～100％时花粉发芽率最高,低于 60％,花粉萌发率明显降低。花期喷水能提高空气相对湿度,为花粉发芽提供了良好的湿度条件,促进了枣花授粉受精,从而提高了坐果率。

10. 为什么枣树花期放蜂会明显提高坐果率?

蜜蜂是枣树的主要传粉媒介,蜜蜂在采蜜过程中,可帮助枣花粉传播,增加花的授粉几率,从而提高了枣树的坐果率。一般花期放蜂,枣树坐果率可提高 1 倍以上。距蜂箱越近的枣树坐果率越高。放蜂时要将蜂箱均匀放在枣园中间,蜂箱间距应小于 300 米。

11. 枣果的大小取决于哪些因素?

枣果的大小、重量,取决于细胞数量、细胞体积和细胞间隙的大小。枣果的细胞分裂,主要是原生质的增长过程,称为蛋白质营养时期,这一时期除需要充足的氮、磷、钾等矿质元素外,还要求有足够的碳水化合物。矿质元素可以由施肥来补充,而碳水化合物只能由树体内的贮藏营养来提供。因此,贮备营养是否充足,对翌年枣果的生长发育至关重要。枣果进入果肉细胞体积增大期,需要碳水化合物的绝对数量也直线上升,此期称为碳水化合物营养期,枣果重量的增加主要是在这个时期。

此时,要求有适宜的叶果比,并为叶片进行光合作用创造良好的环境条件。在叶面积系数适宜的情况下,叶越多,果越大。但枝叶过分生长,也会影响枣果的生长。因为枝叶徒长,前期会消耗大量的贮藏营养,影响枣果细胞分裂;中后期竞争养分,限制细胞体积的增大。为此,只有树体结构合理、通风透光良好,叶果比适当,才能有利于枣果的生长和发育。

六、枣树育苗

1. 枣树育苗有几种方法?

(1)断根育苗 早春化冻后,选择品种好的枣树作母树,在其周围挖沟断根,距树干 2 米左右,挖一道深、宽各 30 厘米左右的环状沟,将生土熟土分开,边挖边切断树根。但直径 2 厘米以上的根不要切断,切断后会伤害母树,又不易起苗。挖好沟后,首先向沟内混施部分土杂肥,而后浇水,待水渗完填入熟土、生土。5 月中旬以后,一个断根上可抽出数条分蘖。幼苗长到 35 厘米左右时,选留 1~2 根健壮苗,其余剪掉。另在沟外 35 厘米的地方再挖第二道沟,以促使幼苗生根。移栽前要定期浇水、施肥、除草、灭虫治病。2 年后树苗可移植,移植时带一段 25 厘米左右的母树根,以便提高栽植成活率。

(2)归圃育苗 选择土质肥沃、能排能灌的地块作苗圃,把当年自然生长的根蘖苗、断根培育的苗,按合理密度移至苗圃,集中培育。这不仅便于管理,产苗量多,苗木侧根也较多,而且移栽成活率高。

(3)嫁接育苗 一般在 4 月中旬至 5 月中旬,把品种优良的枣树芽条接在酸枣树苗上。嫁接的方法有劈接、嫩梢芽接、硬枝芽接、插皮接等方法。

(4)种子育苗 从品质好的枣树中筛选出枣核取出枣仁,放在 25℃的温水中浸泡 1 昼夜,捞出放在筐里,用湿布蒙盖,使种子的温度保持在 24℃左右,每天用 25℃的温水冲 4 次,3 天后大部分种子发芽,第四天即可播种。育苗地要施足基肥,深耕细耙,开成深 10 厘米的沟,行距 65 厘米,沟内合理浇水,水渗完点播,株距

20 厘米,每穴放种 3～4 粒,然后用细土覆盖将沟平好,并培成一个宽 15 厘米、高 10 厘米的小土堆,5 天后平去土堆,1 周后幼苗拱出地面。第三年春季即可移栽。

(5)组培育苗 组培育苗是运用生物工程的系统技术培育树苗的一种新方法。该方法是以枣树的茎段、茎尖为材料,通过热脱毒和试管克隆相结合,生产优质枣树苗。

2. 枣树嫁接苗有什么优点?

①枣树嫁接苗不仅能保持母本的优良性状,且结果较早,嫁接成活后在当年或翌年就能少量结果。②枣树通过嫁接,便于选优繁殖,有利于提纯复壮。③利用嫁接技术,母树繁殖材料(枝芽)利用率高,砧木来源广(各种枣树品种均可),有利于大量育苗,用此法精选枣树优系,在短期内便可大量繁殖苗木。④便于利用野生酸枣等自然资源,我国野生酸枣资源丰富,适应性强,成本低,是繁殖枣树优良品种的最佳砧木。⑤能在圃地集中育苗,节省土地和人力,经济效益高。因此,繁育冬枣苗木应大力提倡用嫁接法。

3. 枣树嫁接苗出圃应注意哪些问题?

枣苗自落叶后至结冻前和翌年春天解冻后发芽之前均可出圃。出圃时应注意以下问题:①要对苗木调查、记录,统计好每个品种的数量和等级,做到心中有数。②出圃前必须浇一次透地水,使圃地有很好的墒情,以保证起苗时根系的完整,提高栽植成活率。③起苗时要求起苗人员要分清品种,绝对不要将不同品种混杂在一起。刨苗时,要尽量少伤根,使苗木多带一些根。二次枝是否剪留、如何剪留根据客户要求来定。④根据客户要求把苗木每50 株或 100 株打成一捆,根部蘸好泥浆。用塑料袋、湿麻袋或用内部衬有塑料袋的编织袋包装。⑤对已经出圃而不能及时出售的苗木,应马上假植。要求假植沟深 100 厘米,宽 150 厘米,长度根据苗木数量而定。假植时,将苗木根系向下,斜放在沟内,放一排枣苗加一层土,使苗木与土充分接触,加土深度相当于枣苗高度的2/3 然后浇足水即可。

4. 枣树嫁接苗如何管理?

枣树嫁接后是否能成苗,管理是关键。具体管理有以下几个方面:

(1)除萌 枣树嫁接后,砧木上的芽很容易萌发,影响接穗的成活和生长,为使养分集中供应给接穗,促进愈合,必须及时抹除砧木上的萌芽。一般需除萌 3～4 次。

(2)检查成活率 一般第一次除萌在嫁接后 15～20 天,这时嫁接是否成活基本可以确定,可以结合除萌检查嫁接是否成活。如有成片死亡的应进行补接,如成活率达到 70% 以上一般不再补接。检查成活率主要看接穗是否萌芽,接穗的皮色是否鲜亮。如接穗已失水干枯或新梢长出后又萎蔫,这说明接穗死亡。

(3)中耕除草 苗圃地一般杂草较多,因此嫁接后必须及时除草、松土,以减少水分蒸发和养分消耗,促进苗木生长。

(4)解绑 芽接苗接后正处在茎干迅速加粗生长时期,一般在接后 25 天左右,接口完全愈合后解除绑缚。枝接苗,在接后 2 个月左右解除绑缚。

(5)剪砧 夏秋芽接以及休眠接芽过冬的芽接苗,在翌年春季芽萌发前,及时剪去接芽上部砧木,以利于接芽萌发生长。

(6)绑支棍 为防止大风刮断接芽,待接穗长到 20 厘米以上时,要用细竹竿绑缚接穗,直到嫁接点砧穗完全愈合后,再解除绑缚。

(7)加强苗圃地的土肥水管理 接穗发芽以后,重点是搞好苗木的促长工作。追肥应放在 6 月份以前施用,以氮肥为主,一般每667 平方米施尿素 10～15 千克。干旱时要及时浇水,确保苗木的生长需要。每次浇水后要及时松土保墒,除去杂草。到生长后期要控肥控水,使苗木充实健壮,有利于安全越冬。在做好肥水管理的同时,还必须加强苗木的病虫害防治工作。

5. 怎样提高枣树嫁接成活率?

(1)浇水 嫁接前 1 周,将砧木地浇足水,以提高砧木的含水量。

(2)接穗保鲜 采用生活力强、芽质饱满、质量高的接穗,这是嫁接成活的关键。接穗采集后要及时封蜡,放入冷库或地窖中贮藏保鲜,确保接穗不失水、不发霉,保持较强的生活力。另外,也可随采接穗随封蜡嫁接,这样嫁接成活率一般在 90% 以上。

(3)嫁接 嫁接人员削接穗时,削面要平整光滑,达到要求长度,一次削成。接穗插入砧木时,要求形成层必须对齐。在砧木细、接穗粗的情况下,要把粗接穗的削面部分,根据砧木的粗细削去一部分,使之粗细程度与砧木相当,另一面的形成层与砧木形成层对齐密接。接口一定要用塑料条绑紧缠严,不能留空隙,以防失水。

(4)嫁接后管理 嫁接后要及时抹除砧木上的萌蘖,使营养集中,促进砧穗愈合和接穗萌芽生长。如果砧木上长出萌蘖,应及时去除,这些萌蘖与接穗芽萌发抽生的枝条竞争水分和养分,导致接穗萌生的枝条枯萎死亡。

6. 枣树在什么时候嫁接为宜?

枣树可嫁接的时间很长,一般一年中从 3 月份至 9 月份均可嫁接。在不同时期可采用不同的方法嫁接。劈接和腹接的适宜的时期为 3 月下旬至 5 月上旬;插皮接在砧木离皮后一直到 9 月份,只要树离皮均可嫁接,但最适宜的时期是 4 月下旬至 6 月中旬。

7. 怎样防治酸枣苗期常见的病虫害?

酸枣苗期常见的病虫害有:枣瘿蚊、枣步曲、红蜘蛛,立枯病等。

(1)防治枣瘿蚊 ①结合播种前整地,每667平方米施入辛硫磷1千克,基本可控制苗期枣瘿蚊的为害。②苗期应掌握在第一代幼虫为害期及时喷药。用70%吡虫啉8 000倍液+2.5%三氟氯氰菊酯乳油1 000倍液可取得良好的防治效果。

(2)防治红蜘蛛 在6月上旬至下旬,间隔20天连续喷药2次,可有效防治红蜘蛛为害。常用的药剂有:2%阿维菌素微囊悬浮剂8 000倍液,10%浏阳霉素乳油1 000倍液,螨威乳油3 000倍液。

(3)防治立枯病 该病一般发生在幼苗期,可使幼苗成片死亡。防治立枯病的最有效方法是在播种时,用多菌灵拌种或在幼苗期喷2次杀菌剂,可用30%过氧乙酸500倍液防治。

(4)防治斑点病及枣锈病 在7月中下旬,喷布74%代森锰锌800倍液,侵染及发病期可用25%吡唑醚菊酯乳油5 000倍液或70%丙森锌可湿性粉剂800倍液+三唑类农药,防治1~2次即可。

8. 利用种子育苗时,什么时期播种酸枣比较适宜?

酸枣播种时间较长,每年从3月中旬至6月上旬均可播种,但播种过早,地温低、出苗慢、易烂种;播种过晚,苗木生长时间短,当年很难培养出能嫁接的合格砧木。较适宜的播种时间一般在4月中旬至4月底之间,这时地温已达到15℃以上,出苗较快,苗木生长时间长。但由于各地气候不一样,最适播种时间要根据当地的地温来确定,当10厘米地温达12℃以上时,即为播种的低限温度。

9. 怎样确定酸枣种子的播种量?

播种量一般根据种子的发芽率来确定。发芽率高的播种量小,发芽率低的种子播种量大。带外种皮的种子发芽率在80%以上时,播种量为每667平方米10~15千克;发芽率在70%以上的播种量为20~25千克。

用酸枣仁作种子时,发芽率在90%以上,每667平方米播种量为1.25~1.5千克;发芽率在80%以上时,播种量为1.5~2千克;发芽率在70%以上时,播种量为2~2.5千克。

10. 没有经过沙藏的酸枣种子播种前怎样处理?

没有经过沙藏的酸枣种子,必须在播种前将种子放到50℃~70℃的水中浸泡,然后在湿沙中催芽,待大部分种子开口露白时播种。如果用酸枣仁作种子,可在30℃温水中浸种2~4小时后直接播种,然后覆盖地膜,出苗率一般在90%以上。

11. 选购酸枣种子时应注意哪些问题?

枣树嫁接苗主要用酸枣作砧木,在选购酸枣种子时必须注意以下事项:①种子必须是充分成熟的新鲜种子,要求种仁饱满、种皮深褐红色、有光泽,轻轻挤压不易破碎,无霉味,千粒重大,大小均匀。种胚和子叶呈白色。②种子不能经过高温处理,带皮的酸枣种子去皮时要先浸泡,水温不能超过40℃。③有条件的地方在购买种子前,最好先进行发芽率试验,以保证购买到优质酸枣种子。

12. 如何采集和贮藏枣树优良接穗?

接穗采集一般在枣树休眠期进行。接穗必须从优良品种采穗圃或生产园中生长健壮、无病虫害的优良品种上采集。一般将1年生枣头或健壮的1年生二次枝作为接穗。接穗采集后要进行剪截和蜡封处理,即选枝条上饱满的芽,每个芽剪成一个接穗全部用蜡封住。将封好的接穗装进塑料袋中,放进 0℃～5℃ 的贮藏库或家庭地窖中贮藏,待翌年嫁接时取出嫁接。保存过程中,要经常检查接穗存放情况,以免发生霉烂。

13. 怎样培育酸枣砧木苗?

(1)**苗圃地选择与整地** 枣树的苗圃地应选择土层深厚、地势平缓、接近水源、肥力好的地块。苗圃地要经过精耕细作,施足有机肥。每 667 平方米应施入有机肥 5 000 千克左右,氮肥 30～50 千克,过磷酸钙 40～60 千克,然后翻耕、耙平,以利于播种保墒。

(2)**播种** 播种时间一般在每年的 4 月上旬至 4 月底进行。播种前将苗圃地整成小畦,播后最好覆盖地膜。地膜的宽度一般为 90 厘米,畦宽 100 厘米。采用地膜覆盖时,播种应早。若不用地膜覆盖播种,应待地温达到 15℃ 时播种为宜。播种时,采用大小行,宽行 50～60 厘米,窄行 25～30 厘米,株距为 10～15 厘米。待苗高长至 5 厘米时定苗。为保证苗圃地苗齐苗壮,首先要保证在播种时土壤有良好的墒情,播种后要及时覆盖地膜,出苗后,根据幼苗情况进行疏苗、定苗,每 667 平方米留苗数量达到 8 000 株以上。

(3)**实生苗的管理** 实生砧木苗管理的主要任务是:通过苗期管理,促进苗木当年达到可嫁接的标准,即到秋后实生苗基部直径达 0.5 厘米以上,最好能达到 0.8～1 厘米。要使苗木达到标准,必须加强肥水管理,及时中耕除草。一般 1 年要进行 2～3 次追肥,第一次追肥以氮肥为主,在苗高 15 厘米左右时进行,每 667 平方米施入尿素 10～15 千克;第二次追肥在 7 月份苗木生长高峰期进行,以氮肥为主,每 667 平方米施入尿素 15 千克。同时,对 50 厘米以上的苗木摘心,促进基干增粗;第三次追肥在 8 月份进行,主要以磷酸二铵为主。在做好肥水管理的同时,还要加强苗期病虫害的防治。

(4)加强病虫害防治 苗期主要防治枣瘿蚊、红蜘蛛等害虫，同时还要预防立枯病、斑点落叶病等。

14. 枣树嫁接育苗应采用哪些步骤？

枣树嫁接育苗主要包括砧木苗的培育、嫁接前的准备、嫁接和嫁接后的管理4个步骤。

15. 怎样通过组织培养进行育苗？

组织培养快速繁育是一项发展很快的生物技术，也是当今无性繁殖的重要方法，具有节约土地、不受季节影响，可以实行工厂化生产、能繁殖无病毒苗和快速繁殖的特点。

(1)茎尖苗培养 切取优系树单株发育枝上刚萌发的枣芽，在70%酒精液中浸泡10秒钟，再在0.1%升汞溶液中消毒3～5分钟，用无菌水冲洗3～4次，然后在无菌条件下剥离茎尖，接种在已准备好的培养皿中，待分化长出2～3片叶子后采用电镜观测法检测。将苗汁液滴在覆膜钢网上制成样本，用电镜观测有无病毒。

(2)试管苗增值 检测后的优良试管苗置于特定的继代培养基中，即 MS＋6-BA 毫克/升，蔗糖3%(pH＝6.5)，温度18℃～25℃，光照强度2 000勒克斯进行继代培养，每月可增殖3～4倍。

(3)生根培养 3～4个月后，待试管苗发展到一定数量，用1/2MS＋0.5～1毫克/升(IBA)，1%～2%蔗糖(pH＝6.5)，温度在18℃～25℃之间，光照强度为1 000～2 000勒克斯进行生根培养。15～20天即可生根，1个月后即可移栽。

(4)试管苗移栽 按珍珠岩与营养土3∶1或河沙与珍珠岩1∶1的比例充分混匀，制成培养基。使用前用3%硫酸亚铁溶液消毒，再用清水冲洗干净。将生根后的试管苗移栽在备好的培养基中，移栽初期相对湿度应为85%～90%，温度为25℃～28℃，光照以散射光为主,3 天以后驯化为直射光。温室驯化 30 天后,移入田间苗圃内。苗圃地应选在地势平坦、便于灌溉、排水良好、质地疏松、土壤肥沃的地块。移栽宜在 4 月中下旬,移栽前每 667 平方米施优质有机肥 4 000～5 000 千克,磷酸二铵 25 千克;株施 25%辛硫磷颗粒剂 1～2 克,以防治蝼蛄、蛴螬、地蚕等;先用地膜盖地提温保湿,用遮阳网遮荫,行距采用大、小行,小行 40 厘米,大行 80 厘米;株距 20～25 厘米,每 667 平方米栽苗 4 500～5 000 株。

(5)移栽后管理 移栽后要浇足水,及时划锄,查苗补苗,以期达到苗全、苗齐、苗壮的目的。5 月下旬至 8 月份,叶面喷洒 2%阿维菌素微囊悬浮剂 1 500 倍液,或 20%甲氰菊酯乳油 2 000 倍液防治红蜘蛛。7 月初喷 1 次 25%吡唑醚菊酯乳油 5 000 倍液或氟硅唑乳油 8 000 倍液,8 月上旬再喷 1 次,防治枣锈病。苗高 20 厘米时,每 667 平方米施尿素 20～25 千克。

近几年的试验证明:组培育苗是一项新型育苗技术,繁殖速度快,可在短期内培育大量枣树苗木。但是,组培枣苗退化现象特别严重,树体幼龄化、成花难、结果晚。因此,生产上仍以嫁接繁殖来培育枣树苗木。

16. 怎样确定枣树苗木的分级标准?

(1)实生酸枣作砧木 该方法繁殖的苗木一般根系发达,主要根据苗高和基部干粗(地面以上 5 厘米处干的直径)来分级。

①一级苗 苗高 1.2 米以上,基径 1.2 厘米以上。

②二级苗 苗高 1 米以上,基径 1 厘米以上。

③三级苗 苗高 0.8 米以上,基径 0.8 米以上。

(2)根据根系发育情况分级

①一级苗 苗高 1.2～1.5 米以上,基径 1.2～1.5 厘米以上,根系发达,具直径 2 毫米以上、长 20 厘米以上的侧根 6 条以上。

②二级苗 苗高 1～1.2 米,基径 1～1.2 厘米,具直径 2 毫米

以上、长 15 厘米以上的侧根 6 条以上。

③三级苗　苗高 0.8～1 米,基径 0.1～1 厘米,具直径 2 毫米以上、长 15 厘米以上的侧根 4 条以上。

七、建　园

1. 建立枣园时应怎样划分作业区?

(1)作业区划分的依据　①在同一作业区内土壤及气候条件应基本一致,以保证作业区内农业技术的一致性。②能减少或防止枣园的水土流失。③能减少或防止枣园的风害。④有利于运输及枣园的机械化管理。

(2)作业区的面积

①平地类型　在土壤气候条件基本一致的情况下,作业区面积 6.7~10 公顷;在土壤气候条件不太一致的情况下,作业区面积为 3.3~6.7 公顷。

②丘陵、山地类型　作业区面积一般在 1~2 公顷。

③低洼盐碱地　作业区以台田为单位划分作业区。

(3)作业区的形状及位置　作业区一般多采用 2~5:1 的长方形。平地类型作业区的长边应与有害风向垂直,枣树的行向与作业区的长边一致。山地丘陵类型作业区的长边应与等高线平等,作业区不一定规整。

2. 怎样规划枣园的道路系统?

在规划各级道路时,应统筹考虑与作业区、防护林、排灌系统、输电线路及机械管理间的相互配合。

(1)道路的分级　中、大型枣园,道路的规划一般分为 3 级:主路(干路)、支路和小路,小型枣园一般分为两级或一级,只设主路和支路。一般视 10 公顷以上的枣园为大型枣园,3 公顷以上的枣园为中型枣园。

(2)道路的规格

①干路　宽6~7米,以并排行驶2辆卡车为宜。

②支路　宽4米左右,与主路垂直,路面以能并排通过2部动力作业机为宜。

③小路　宽1~2米,为人行作业道。

(3)道路的布置

①平地枣园　主路可设在两作业区中间。单一作业区的枣园,主路可设在北侧防护林的南侧或南侧防护林的北侧,以减少防护林对枣树的影响,也可依据枣园的实际地理位置确定主路的位置。支路一般与主路垂直,支路的多少应根据枣园面积大小决定。小路主要依据作业实际需求而定。

②山地枣园　道路主要根据地形位置。顺坡路应选坡度较缓处,根据地形特点,迂回盘绕修筑。横向道路应沿等高线,按3%~5%的比降,路面内斜2°~3°修筑,并在路面内侧修排水沟。支路应尽量等高,并选在小区边缘和山坡两侧沟旁,与防护林结合为宜。修筑梯田的枣园,可以利用梯田边埂作为人行小路。丘陵地枣园的顺坡主路和支路应尽量选在分水岭上。

3. 怎样规划枣园的灌溉系统?

枣园灌溉系统的规划要依据灌溉方法而定。常用的灌溉方法有地面灌溉、地下灌溉、喷灌和滴灌。具体采用哪种方式要根据实际情况如水源、经济状况等而定。

(1)地面灌溉系统　枣树地面灌溉的方式有分区灌水(漫灌)、树盘灌水、沟灌等。地面灌溉的优点是简单易行,投资少;缺点是浪费水资源,灌溉后土壤易板结,不利于枣园的机械化作业。灌溉水源多来自井水、渠水、河水等。地面灌溉系统主要是把水从水源引入枣园地面。

①灌溉系统构成　主要由水渠、支渠和园内灌水沟三级组成。

干渠将水从水源处引入枣园,纵贯全园。支渠把水从干渠引入作业区。灌水沟将支渠的水引至枣树行间,用来灌溉树盘。

②布置 各级渠道的规划布置应充分考虑枣园的地形情况和水源位置,结合道路、防护林进行设计。在满足灌溉条件的前提下,各级渠道应相互垂直,尽量缩短渠道的长度,以节约资源,减少水的渗漏和蒸发。干渠应尽量布置在枣园最高地带。平地枣园可随区间主路设计,坡地可把干渠建在坡面上方。支渠可布置在支路的一侧。

③设计要求 干渠纵坡比降的设计应根据水源和土壤质地确定。当水源泥沙大时,取 1∶2 000~5 000,无泥沙时取低于 1∶5 000 标准。渠道采取半挖半填形式,边坡系数(横距∶竖距)黏土渠道取 1~1.25;砂砾石渠道取 1.25~1.5;沙壤土取 1.5~1.75;砂土取 1.75~2.25。

(2)喷灌系统 结合我国的国情,主要采取半固定式喷灌系统的规划。半固定式喷灌系统是喷灌的一种。另外,还有固定式喷灌系统和移动式喷灌系统。移动式喷灌系统劳动强度大,道路、渠道占用多;固定式灌溉系统设备利用率低,单位面积投资大。由于半固定式喷灌系统支管可以轮流使用,提高了设备的利用率、降低了灌溉系统投资,缺点是劳动强度较大。

①规划前准备 首先要做好地形、气象、土壤资料的调查。以确定田块高程、水源水位、布管方向、浇水强度等。

②布置管道系统 应根据实际情况提出若干布置方案,然后进行技术比较,择优选定。布置管道一般应遵循以下原则:一是干管应沿主坡方向布置,在地形较平坦的地区,支管应与干管垂直,并尽量沿等高线方向布置。二是平坦地区支管的布置应尽量与枣树行向垂直,二级支管作为移动支管,沿行向移动喷灌,二级移动支管一般与主风向垂直。三是水泵站最好设在整个喷灌系统的中心,每根一级支管上都应设有阀门。

(3)滴灌系统　滴灌具有节水量大,自动化程度高的特点。滴灌系统的规划布置主要是水源位置、干管、支管和毛管三级管道及滴头的规划和布置。

①水源规划布置　平原枣园、水源多为机井,和喷灌、地面灌溉一样,机井、泵站最好设在灌区中心。丘陵山区要尽可能在滴灌区上部修蓄水池,这样可以实现自压滴灌而节省能源。

②干、支、毛管规划布置　基本同喷灌系统。一级管道双向控制支管,支管垂直于干管,毛管沿树行布设,滴头设在树盘或两树中间以节省开支,毛管也可移动式布设。

4. 大型枣园的排水系统怎样规划?

(1)排水系统构成　由小区集水沟、作业区内的排水沟和排水灌沟组成。集水沟的作用是将小区内的积水或地下水排放到支沟中去。排水支沟的作用是承接集水沟排放的水,再将其排入排水干沟中。排水沟的作用是把枣园集水通过支沟汇集后排放到枣园以外的河、渠中。必要时排水口可设扬水站。对平原枣园,排水系统尤为重要。

(2)排水沟规格　各级排水沟纵坡比降标准:干沟 1:3 000～10 000;支沟 1:1 000～3 000;集水沟 1:3 000～1 000。各级排水沟互相垂直,相交处应与水流方向成钝角(120°～135°)相交,以便出水。排水沟最好用暗沟。

(3)排水沟布置　排水沟在平地枣园一般可布设在干、支路的一侧。山地和丘陵排水系统主要由梯田内侧的竹节沟、栽植小区之间的排水沟以及拦截山洪的环山沟、蓄水池或水塘等组成。山地丘陵排水沟的布设要因地制宜。

5. 配置枣园防护林应注意哪些问题?

防护林不仅能调节枣园内的温、湿度,减少灾害,还能保持水土。

(1)林带的结构　一般可选择稀疏透风林带,疏透度为35%～50%。

(2)防护林的配置　大型枣园的防护林应设主林带和副林带。主林带的方向与主要害风方向垂直。林带的宽度与长度应与当地最大风速相适应,一般占地面积为 2%左右。林带在枣园北面时,距枣园不少于 15～20 米,在枣园南侧时,不少于 20～30 米,以减小林带对枣树的胁迫作用。

6. 怎样确定枣树的栽植密度和栽植方式?

枣树的栽植密度依据栽培目的、田间管理水平、地理环境条件和枣树品种等而定。

(1)普通枣园　指密度中等的纯枣园,一般栽植密度为株距 3 米,行距 5 米;株距 4 米或 5 米,行距 6 米。此类型的枣园易管理,用工量较小,适合大多数地方采用。

(2)枣粮间作枣园　枣粮并重园,密度采用株距 3 米,行距 15～20 米;株距 4 米,行距 15～20 米,以枣为主的枣粮间作园,株距 3 米,行距为 7～10 米。此类枣园适合于平原、梯田。

(3)密植枣园　栽培密度一般为株距 2 米,行距 3～4 米;株距 1 米,行距 2 米;株距 1 米,行距为一行 1 米,一行 3 米的两密一稀双带状栽植。此类枣园管理较费工,要求较高的管理水平。

(4)草地枣园　为超密园,一般行距 1 米,株距小于 1 米,每667 平方米栽 600～1 500 株。此类枣园建园成本高,管理费工,但结果早,当年可获得丰产。

7. 山丘地怎样建设枣园?

建立山丘地枣园应注意以下几点:

(1)园地选择　枣树根系适应能力极强,耐酸耐盐碱,在片麻岩和石灰岩为母园的山丘地海拔最适范围为 500 米以内,坡度一般在 30°以下为宜。

(2)山丘地枣园的整地方式 山丘地枣园整地一般可分 3 种方式。

①埝阶(梯田)整地 适合于沟谷及有石料的山坡。此种方法简单易行,是最古老的山地建园整地方式。埝阶要砌成下宽上窄、里直外斜、外墙具有 5°～10°的倾斜度,墙顶宽保证在 40 厘米以上。

②水平沟围山转整地 它适合于坡度较缓(35°以下)、无石块的山坡。具体整地步骤是:先开宽 2 米的水平面,上下两个水平面的水平距离 3～5 米,整好水平面后,按 2～2.5 米炮距在水平面中央偏里(约距外缘 1.3～1.5 米)打深 80～90 厘米炮眼,再装炸药 0.75～1 千克,即可将水平沟全部震松,然后将水平面外缘整成高 30 厘米、宽 30 厘米的外埝,即成为水平沟。水平沟整地虽投入较大,但蓄水保肥作用好,易进行各种管理,适宜栽植枣树。

③鱼鳞坑整地 鱼鳞坑整地按每 667 平方米挖 40～50 个穴,按品字形排列,鱼鳞坑水平间距 3 米,上下行间距 4～5 米,每坑放一炮(放炮规格与水平沟整地放炮要求相同)。松土直径可达 2.5～3 米。放炮后,铲出定植坑,再回填山坡表层草皮土,即整成标准的鱼鳞坑。此种整地方式简单易行、投资小、操作简单,但不便于枣树的正常管理。因此,鱼鳞坑整地发展枣树一般用于坡度较大(35°以上)、以生态防护为主、兼顾经济效益的山地开发。

以上 3 种整地模式,均有其各自的特点,但从经济效益和集约化管理方面而言,发展枣园应以埝阶整地和水平沟围山转整地为好,鱼鳞坑整地只作为辅助整地措施。

8. 建立枣园时为何强调大穴施肥栽种?

土质优劣是影响栽后幼树生长快慢的重要因素。为有利于幼树生长发育,栽种时应挖掘大穴,改良土壤,多施有机肥,提高肥力。一般穴深 60～80 厘米,直径 100 厘米,土质差的地方还要客土回填,多施有机肥,保证幼树期根系生长在良好的土壤环境内。土层深厚较肥沃的地块,穴深 60 厘米,直径 80 厘米,挖出的表土和生土要分别堆放。每穴施入腐熟好的圈肥、堆肥等有机肥 50 千克,过磷酸钙 1 千克,尿素 100～150 克或碳酸氢铵 300～400 克,与细土充分混匀后,回填穴内,分层踏实。土壤墒情差的地块,穴土回填 2/3 时,大水浇穴造墒后,再栽苗。

土壤盐碱较重的地块,宜用雨水淋洗盐碱,客土施肥,深栽浅培的防碱栽种法,提高栽植成活率。即在雨季前挖好大穴,借雨季的雨水淋洗,降低穴土的盐碱含量,雨季过后填平穴面,防止泛碱。栽种时,再挖开穴土混施杂草堆肥、厩肥等有机肥。栽植时,苗根周围填放好土隔碱。整成较四周地面低 10～15 厘米穴面,并覆盖地膜,减少土壤蒸发,减缓穴土泛碱速度,有利于枣苗成活。

9. 提高枣树栽植成活率的技术措施有哪些?

(1)提高苗木质量 苗木质量是影响栽植成活率的最主要因素。尽可能选用一级苗或二级苗。

(2)保护苗木 苗木在调运及保存过程中要注意保护。远距离运输的枣苗要包装。苗木包装分以下 3 种形式。一种是苗木整体包装,即将每捆枣苗(一般为 50 株)喷湿后装入 0.06 毫米的塑料膜袋中,并捆好袋口,然后装车运输。第二种包装方式是只包装根部,将 1.5 平方米厚度为 0.06 毫米的塑料膜铺在地面上,将枣苗放在塑料膜上,喷湿后在枣苗根部撒上湿锯末,用塑料膜包好根部,捆紧后装车运输。第三种是将枣苗根部蘸泥浆后装入草袋,然后捆紧装车运输。来不及栽植的枣树要假植。

(3)挖大坑,施足基肥 栽植坑的大小,也会影响枣树的成活率。栽植坑过小,根系舒展不开,或根系外露,坑底土壤板硬,就很不利于枣树的成活。栽植坑要按标准挖 1 米见方、深 0.8～1 米。有机肥与表土拌匀后,填于坑内,用水浇透踏实后,再在坑内栽植。要注意栽植深度,在浇水踏实后正好埋在苗木原土印上,栽植过深或过浅都不利于成活和生长。

(4)栽植时期要合适 枣树栽植时期一般在秋季落叶后到土壤封冻前,或翌年解冻后至发芽前。但枣树栽植的最佳时期为萌芽前,此时栽植成活率最高。如栽植过早,容易出现抽枝、抽干和假死(即当年不发芽)现象。

(5)生根粉处理根系 定植前用 ABT 生根粉 3 号 500 毫克/千克浓度浸根 3～5 分钟,或用 ABT 生根粉 3 号 1 000 毫克/千克喷湿根系,可提高成活率,促进苗木生长。

(6)栽后浇足水 浇定植水后,根蘖苗的成活率达 85%以上,归圃苗及嫁接苗可达 95%～100%。浇水的比不浇水的发芽时间早 7～10 天,长势明显较旺。

(7)栽后覆地膜 覆膜时要覆成外边高、苗基处较低的锅底式地膜坑,地膜边缘要用土压实,以防大风吹开。栽后覆膜对在丘陵山地、砂地及其他干旱地区建园尤为必要。

10. 枣树与农作物怎样间作?

枣粮间作的目的是实现枣粮双丰收,提高单位土壤面积的经济效益。要达到这一目的,首先应认真选择枣园间作物并合理布局,优化种植模式,尽量减少间作物与枣树生长的矛盾,充分发挥其互利的效能。

枣园间作物应首先选择矮秆、生长期短或成熟快,并且较耐阴的作物。如:小麦、大豆、花生、棉花、夏谷和夏玉米等,其中小麦和豆科作物最为理想。小麦与枣树的物候期差异较大,在小麦返青到抽穗期间,枣树正处于休眠期或萌芽期,对小麦光照几乎没有影响。在小麦生长后期常遇干燥高温天气,干热风较多,不利于小麦灌浆和后熟。而在枣粮间作园,此时枣树叶幕已形成,枣树叶片和新梢已经长大,树冠基本郁闭,由于树冠遮荫,可降低麦田温度,增加田间湿度,降低风速,减少干热风危害程度,从而有利于小麦的正常成熟。另外,小麦与枣树对肥水需要高峰期正好错开,小麦在拔节至扬花期需大量肥水时,枣树需要肥水的高峰期尚未到来,待枣树开花坐果需要大量肥水时,小麦已经接近成熟,基本上停止了对肥水的吸收。

实践证明:小麦与枣树间作,在同样水肥管理条件下,其产量和质量不低于纯麦田。夏播谷子、大豆、玉米等,都有秆低、生长期短的特点。在这些间作物的速长期和结穗期需大量肥水时,正处于雨水充沛季节,只要注意追肥,就不存在肥水上的矛盾。因此,枣园可采取前茬间作小麦,后茬间作夏谷、大豆或玉米。在水源充足的枣园,也可间作瓜菜等经济作物。但要特别注意瓜菜病虫害的防治,避免部分病虫害传播和蔓延到枣树上。

在选择间作物时,也可以采取几个高低不同的作物搭配种植的模式。离树近的地方种几行低秆作物,如大豆、花生;离树远的地方种较高秆作物,如玉米、谷子等。这样,对枣树和作物生长就更加有利。

八、土壤管理

1. 为什么说土壤是枣树营养的原料库?

枣树正常生长所需的营养元素有两个主要来源:一是从空气中获得的二氧化碳和水分中获取氢和氧;二是通过根系从土壤中吸取各种矿质营养元素,输送到树体的各个部位。

枣树整个生长期需养分较多,营养矛盾突出。栽植以后,枣树根系就不断地从土壤中长期、有选择地吸收营养元素,所以很容易产生生理性缺素症和营养元素的不平衡。因此,在施肥上应增施有机肥,稳定土壤结构;追肥要选用全元素复合肥或氮磷钾复合肥,配合中、微量元素肥,以防止生理性病害的发生。

由此可见,土壤是枣树吸收养分的重要来源,把土壤叫作枣树营养的"养分库"是很形象的。但这个"库"中的养分无论是数量上或是形态上都很难完全满足枣树对营养的需要。所以,生产上需要通过合理施肥来解决枣树需肥多与土壤供肥不足的矛盾。

2. 枣园土壤管理的主要目标是什么?

修好水利设施,保持好水土,为枣树丰产优质奠定基础。土壤管理能供给与调控枣树从土壤中吸收水分和各种营养物质,可增加土壤有机质和养分,不断培肥地力,能疏松土壤,增强土壤透气性,促进根系向水平和垂直方向延伸,有利于扩大根系分布范围,为枣树生长创造良好的生态环境。

3. 枣树对土壤养分的吸收方式有哪些?

枣树吸收土壤中的各种养分,一般是通过根群截获、蒸腾拉力和养分扩散 3 种途径。

(1)根群截获 根群截获实际上是土壤吸附的养分离子与根表离子之间的接触交换。由于枣树根系疏松,所以截获养分的量很少,仅占总需要量的 0.2%~10%。

(2)蒸腾拉力 通过地上叶片的蒸腾作用把土壤中的养分吸收到根系,然后靠蒸腾拉力使养分流向树体。依靠这种方式吸收的钙、镁可满足树体生长发育的需要,氮素可基本满足需要,磷、钾、硼、钼仅满足 10%左右,而铜、铁、锰和锌等基本上得不到。

(3)扩散 养分离子从高浓度区向低浓度区扩散,磷、钾元素的吸收主要通过这一方式进行。

上述 3 种吸收方式相互补充,使养分持续不断地向根表迁移,供枣树对养分吸收的需要。

4. 土壤管理应坚持什么原则?

(1)增施有机肥,以"稳"为核心 各类土壤有其各自不同的特点,管理的目的是因异求同,通过改良使之趋于丰产园的土壤标准。因此,各类土壤的改良各有侧重点和独立的土壤标准。但改良的核心都是增加土壤水、肥、气、热因子的稳定性,因此需要增施有机肥或其他有机填充物,以提高土壤保水保肥、调节水气的能力。

有机物质是土壤中的稳定因素,土壤有机质含量的高低,是评价土壤肥力和土壤结构的重要指标,土壤有机质含量虽少,但对土壤性状和植物生长的影响却很大。土壤有机质是植物营养的主要来源,它不仅可提供氮、磷、钾,而且也提供钙、镁、硫及多种中微量元素,养分最全。土壤有机质含量越高,土壤的保肥、蓄水能力就越强。土壤有机质可改善土壤理化性状,为根系发育创造良好的环境。追肥灌水只有建立在这种稳定的土壤基础上才能发挥其应有的作用。改良过程中还要注意扩展具有稳定性的土壤范围,以加大和保护根系的功能层(如枣园覆盖)。

(2)以局部改良为主,逐渐实现全园改良 据调查,一般枣园有机质含量比较低,栽前或短期内将有机质含量提高到1%,并实现全园翻土改良的想法是不现实的,有机肥远远不能满足。所以,栽前应首先改良一些限制因子,将有限的有机物放在局部,如穴贮肥水、沟肥养根、富足表层等,使局部根系处在最佳的条件下。据罗新书等研究表明,地下部分有1/4的根系处在适宜的条件下,生长好,功能强,就可以满足地上部3/4的养分需要。所以,枣园应以局部改土为主,以后沟穴每年换位,逐渐实现全园改良。如果将有限的有机肥均匀用到全园,只能是杯水车薪,难以起到改良土壤的作用,使根系不能正常生长,无法发挥功能,而且太深、距根系太远的肥料等不到利用就早已淋失。因此,将有效的有机肥用于全园改良,效果差,没有实际意义。

(3)养好表层及中层,通透下层 表层根是根系的主要活动区域,要实现早果丰产优质,必须养好表层根。用传统清耕休闲制度管理的枣园,因土表裸露,表层土壤通气性好,养分释放快,有效养分含量较下层高,但水分温度条件不稳定。而且传统的清耕休闲制度还要求冬春深刨树盘(约20厘米),生长季多次锄草,每次锄深10~15厘米,使本来条件不太好的表层根又多次受到损伤。传统的灌溉方法也是冬前、萌芽前漫灌2次大水,以后又长时间无水可浇,更加重了表层根系水分的不稳定性。这样,表层土壤固有的缺点加上传统的清耕休闲管理制度,使得表层根系不可能正常生长,不能发挥它应有的作用。

保持表层土壤温度相对稳定的最好办法是实行覆膜和覆草,如能将大水漫灌改为喷灌或滴灌,更有助于保持水分的稳定。盐碱地漫灌会造成土壤返盐。另外,覆草腐烂后还可以提高表层土壤的有机质含量。所以,改清耕休闲为枣园覆盖制是养护表层根最有效的措施,对土层浅、易干旱和土壤瘠薄的枣园更加重要。

如果土壤有机质含量较高,养好表层根后,中下层根基本可正常生长,肥料的供应可主要应用于根系密集的表层,以弥补养分的消耗。如果仅注意养好表层根系,则易造成树体抗逆性差,易早衰。为维持稳产和生长势,在养好表层根的前提下,还应注意培养20～40厘米深的中层根。开40～50厘米深的浅沟,并向沟中埋草、施入有机肥等改善沟中局部环境,实行沟肥制,以养好中上层根。

在养好表层及中层根的同时,还应打破障碍层,通透下层,以使下层根系不受窒息危害。

5. 常见的土壤管理方法有哪些?

(1)清耕法 清耕法又叫休闲法。即在枣园内,除枣树外不种植其他任何作物,利用人工除草的方法清除田间杂草,保持土壤表土的疏松和裸露状态的一种土壤管理制度。

(2)生草法 生草法是在枣园内除树盘外,在行间种植禾本科、豆科等草种的一种土壤管理方法。生草的方法有永久性生草和短期生草。永久性生草是指在枣树苗木定植的同时,于行间播种多年生草种,定期刈割。短期生草指选择1年生或2年生豆科或禾本科草类,逐年或隔年播于行间,在枣树花前或花后刈割。

(3)覆盖法 覆盖法是利用作物秸秆、杂草、薄膜、砂砾、淤泥等在树盘、株间或行间覆盖的一种管理方法。

(4)免耕法 免耕法又称耕作法,即对土壤不实行耕作,而是利用除草剂防止杂草的一种土壤管理方法。

6. 枣园土壤管理有哪些具体措施?

枣园土壤管理主要包括深翻改土、中耕除草、间作、水土保持等。

(1)深翻熟化,改良土壤 深翻是熟化土壤的重要手段。枣园深翻可减轻土壤容重,增加孔隙度;深翻后,土壤中的水分和空气条件得到改善,好气性微生物的发育加强,微生物总量和有益菌种的数量显著增加;有机物腐烂、分解加快,土壤可溶性营养物质释放增多,从而使土壤中的水、肥、气、热协调,促进枣树根系的生长发育,根系生长、吸收、合成机能增强,促进地上部健壮生长,是枣树早果、优质、丰产的重要措施。深翻全年均可进行,尤以秋季枣果采收后进行为宜。深翻的深度一般以 20 厘米为宜,树干附近宜浅,向外逐渐加深,对于栽植较密,进入盛果期的枣园,如果根系已交错布满全园,可采取隔年隔行深翻法,避免过多伤根,影响结果。

①秋季深翻　一般在枣果采收后至落叶前结合秋施基肥进行,此时正处于枣树根系发根时期,有利于促进深翻切断伤口愈合和新根的发生。新根可及时深入土层吸收肥料,增进养分的吸收,并向地上枝干、叶片运输。同时,气温和地温均适宜地上部制造养分,利于提高光合效能,增加树体营养积累,为翌年生长发育、开花坐果积累足够的营养物质。因此,秋季是枣园深翻施肥的最佳时期。

②冬季深翻　于土壤封冻前进行。深翻后要及时回填土壤,以便保护树根不受冻害。深翻后应及时浇封冻水,使土壤下沉,利于根系与土壤密接,防止露风冻伤根系。冬季深翻根系,伤口愈合较慢,新根也不再产生,过于寒冷的地区不要进行冬翻。

③春季深翻　春季土壤解冻后及时进行,此时地上部尚处于休眠状态,而根系已经开始活动,伤根后易愈合和再生新根。春季解冻后,土壤水分向上移动,土壤疏松,省工省力。干旱地区,深翻后应及时浇水;早春多风地区,春翻过程中要覆盖根系,以免风干根系;风大干旱及寒冷地区不宜春翻。

④夏季深翻　一般在枣树根系旺长以后、雨季来临以前进行。深翻后降雨可使土壤与根系密接,不致发生吊根和失水现象。夏季伤根易愈合,雨后深翻,则土壤松软、节水省工。但夏季深翻伤

根较多,易引起落果现象。所以,结果多的成龄树,一般不宜夏季深翻。

(2)中耕除草 通过中耕除草,改良土壤理化形状,可节省大量养分、水分,有利于枣树的生长结果。中耕松土保墒,铲除田间杂草,减少病虫害潜伏场所。

(3)起垄覆膜覆草 早春行间起垄,冠下覆膜,可提高地温,保持土壤水分,减少病虫害发生,有利于根系生长发育。尤其是刚定植的枣树,每株覆盖1~2平方米的地膜,可明显提高成活率和生长势;枣园覆草多用麦秸、玉米秸秆、树叶、田间干鲜杂草及多种作物秸秆等。枣园覆草可增加土壤有机质含量,减轻土壤容重,提高土壤养分含量,保持土壤水分和减少土壤径流等。通过覆草,可增强枣树生理功能,促进根系及树体生长,有利于花芽分化,提高产量和品质,减少病虫害。覆草厚度一般为20厘米左右。涝洼积水枣园,覆草后易加重根部病害,降雨多的年份,覆草易造成内涝,此类枣园不宜覆草。

(4)穴贮肥水技术 3月中上旬整好树盘后,在树冠边缘向里半米处,挖4~6个深40厘米、直径20~30厘米的穴,将玉米秸、麦秸等捆成长30厘米、直径15~20厘米的草把,将草把放入人粪尿或5%~10%尿液中浸泡后,放入穴中,然后将腐熟好的有机肥与土以2:1比例均匀回填,浇水覆膜。在穴上地膜中戳一个小洞,平时用石块或土封严,防止蒸发,并使穴部位低于树盘,降雨时,树盘中的水分都会循孔流入穴中,如果不降雨,春季可每隔15天开小孔浇1次水。5月下旬至雨季前,每隔7天灌1次水,每次浇水时,可根据树体需缺情况,加入适量的化肥、氨基酸冲施肥等。

(5)沟肥养根技术 早秋施基肥时,从树冠边缘向里开3~4条放射状沟,沟距树干40~50厘米,内浅(20厘米左右)外深(40厘米左右),将腐熟好的有机肥、轧碎的秸秆、土混合,也可混入适量的氮、磷、钾及铁、锌、硼等中、微量元素肥。沟中透气性好,养分富足且平衡,在大量有机质存在的前提下,微量元素、磷的有效率高,有机质、秸秆还可作为肥水的载体,使穴中保肥保水,供肥供水力强,肥水稳定,根系生长环境好,可收到养根壮树的效果。

(6)起垄排水 黏土地、砂土地常因雨季降雨量太大而发生危害,所以必须排水克服。雨季到来时,可沿行间起垄,使行间的垄沟排水。但起垄的高度不宜超过 10 厘米,太高时会影响表层根系的透气性。黏土地如果仅起垄仍达不到排水防积涝的目的,可在起垄的同时,再在树下开 4～6 条(依树体大小而定)内深、宽各 20 厘米,外深宽各 40 厘米的放射沟,沟外部与行间垄沟接通,从距树干半米处开始开沟,然后将玉米秸捆成一捆(不轧碎),埋入穴中,再每穴追入 100 克尿素、100 克磷肥或相应的其他肥料,回填土,而且使沟部成屋脊形高出树盘,这样可避免沟中积累太多的水。秸秆吸透后,多余的水会顺秸秆流入行间垄沟,沟中透气性好,因秸秆吸附的肥水也不会使沟中缺肥缺水,根系可以正常生长。对于幼旺树,单靠环剥是行不通的,因为后期由于透气性恶化、养分淋失引起的叶片早落不能用环剥来解决,所以必须与起垄排水相结合。

(7)间作 新植枣园,前几年行间较大,为充分利用空地,"以短养长",增加收益,可在行间种植与枣树争肥争水较差的农作物,如豆类、花生及瓜菜等。另外,还可间作绿肥作物,既节省除草用工,又能提供有机肥料。绿肥作物的根系留在土壤里,还可改良土壤结构。间作绿肥作物种类可选用苕子、田菁、草木樨、紫花苜蓿等。

(8)枣园生草 枣园生草是在行间种植禾本科或豆科植物,割后覆盖于地面上的一种管理方法。

7. 枣园深翻有哪些方式?

(1)扩穴深翻 扩穴深翻一般结合秋季施基肥进行,从定植穴向外逐年深挖扩穴,直至全园深翻完为止。每次可扩穴 0.5～1 米,深 0.6 米左右。

(2)隔行深翻或隔株深翻 为避免一次性伤根太多或劳动力不足,也可隔行或隔株深翻。隔行深翻可分两次完成,并可用机械操作。对于行距较大的园片,隔行深翻可以起到更新根系的作用。

(3)全园深翻 全园深翻是将栽植穴以外的土壤一次性深翻完。这种方式动工量大,需劳动力多,但深翻后便于平整土地,有利于枣园耕作。

8. 枣园深翻应注意哪些问题?

(1)切忌伤根太多,影响地上部的生长 深翻过程中,注意不要切断 1 厘米以上的粗根。如不慎切断,则断面要修整平滑,以利愈合;若根部有病害,可切掉并刮除病部,再涂抹杀菌剂消毒。

(2)结合深翻施基肥 结合扩穴施有机肥如农家肥、专用有机肥、绿肥等,既改良了土壤,又可培肥地力。

(3)随翻随填,及时浇水,切忌根系暴露太久 干旱时不能深翻,排水不良的地块深翻后应及时疏通水沟,以免积水引起涝害;地下水位高的枣园,要结合培土、挖排水沟等措施,降低地下水位。深翻时,还要注意表土与底土互换,以便于底土风化、熟化。

(4)深翻施肥可结合穴贮肥水 肥料回填时,在穴内放粗度 15～20 厘米的草把,草把高度应根据翻耕的深度而定,肥土回填后,使草把上端露出地面。这种方法可以改善施肥穴底层的透气性,有利于根系的生长和发育。在以后的施肥中,可将肥料直接放到草把周围,然后用水冲入深层,养分可随时被根系吸收。

(5)结合深翻施肥清园 深翻以前,将枣园枯枝、落叶、杂草、病残果等清理干净,在回填肥料前,先将这些病残体填入底部,然后再覆盖肥土。此方法既可铲除病虫,又能增加肥源。

9. 如何评价枣园土壤肥力? 它对施肥有什么意义?

植物生长的土壤因素大致包括:土壤水分、土壤养分、土壤空气和土壤热量等,这些因素又称为土壤肥力因素。土壤肥力或称土壤肥沃度,是指土壤能够不断提供和协调作物对水、肥、气、热要求的能力。各种能力因素之间是互相影响,密不可分的。所以,土壤肥力因素是各种肥力因素的综合表现,是决定枣树产量和质量的重要因素之一,它是土壤区别于岩石的本质特征。土壤肥力是不断发生变化的,它可以变好,也可以变差;可以提高,也可以衰退。只有按照土壤发生发展规律,科学地利用土壤和管理土壤,特别是因土种植和施肥,合理使用有机肥料和化肥,才能使土壤越种越肥,实现高产、优质、高效的目的。

10. 土壤保肥性能是怎样产生的? 有何意义?

在正常情况下,施用一定数量的氮肥,除了被枣树吸收外,土壤中总会存留一部分氮素,它们为何不会随水向下层流失呢? 这是因为土壤具有很强的保肥性能。实际上,土壤的保肥性能与土壤胶体吸附性有密切关系。而土壤胶体一般有 3 类:第一类是有机胶体,也就是腐殖质,它带有负电荷。有机胶体的颗粒不仅很小,而且性质很活泼;第二类是无机胶体,主要是带负电荷的极微细的黏粒;第三类是有机—无机复合胶体。有机—无机胶体复合后,往往结合成团,形成微团聚体。

因为土壤胶体具有巨大的表面积和充沛的表面能,这是它能吸附分子态物质的根本原因。土壤胶体一般带负电荷,使它能够吸附阳离子,而具有保肥性能。其意义在于:根据保肥性能的大小,合理掌握施肥量,过量施肥不仅浪费资源,而且会造成环境污染。施肥不足则会造成减产。因此,应通过增施有机肥料,提高土壤有机质含量,增强土壤保肥能力,从而提高肥效。

11. 土壤酸碱性与合理施肥有什么关系?

土壤酸碱性常用 pH 来表示,它是指土壤的酸碱程度。土壤酸碱度共分为 7 级,分级标准如下:

pH	反应强度
<4.5	酸性极强
4.5~5.5	强酸性
5.5~6.5	酸　性
6.5~7.5	中　性
7.5~8.5	碱　性
8.5~9.5	强碱性
>9.5	碱性极强

我国北方地区的土壤一般呈中性或碱性反应,pH 为 7~8.5;而南方的红壤、黄壤等多呈酸性反应,pH5~6.5,个别土壤 pH<4。

土壤酸碱度是影响土壤养分有效性的重要因素之一。大多数养分 pH 在 6.5~7 时,其有效性最高或接近最高。比如磷,如果 pH<5,土壤中的活性铁、铝较多,常与磷肥中水溶性磷酸盐形成溶解度较小的磷酸铁、磷酸铝盐类,从而降低其有效性;pH>7 时,水溶性磷酸盐易与土壤中游离的钙离子作用,生成磷酸钙盐,使其有效性大大降低。再如,在石灰性土壤 pH>7.5 的条件下,由于铁形成了氢氧化铁沉淀,使植物因铁的有效性降低而呈现出缺铁症,铁盐的溶解度随酸度增加而提高。在强酸性(pH<5)的土壤中,由于游离态的铁数量很高,也会造成作物受害。总之,土壤 pH 不同,土壤中某些养分的形态就会发生变化,养分的有效性也会产生差异,最终反映在作物对养分的吸收上。因此,了解土壤

酸碱性与养分有效性的关系,对指导施肥具有非常重要的意义。

另外,也可以通过调节土壤酸碱性来控制土壤养分的有效性。在改良强酸性土壤时,常施用石灰,而改良强碱性土壤(pH＞9)时,一般采用施石膏的办法。

12. 土壤通气性与合理施肥有何关系?

土壤的通气性对土壤微生物的活性和养分的转化有很大影响。当土壤空气中缺氧时,释放的速效养分有限,消化细菌不能活动,还可能引发反消化作用,使氮素损失。在缺氧的条件下,只有固氮能力很弱的嫌气固氮菌活动,而固氮能力很强的根瘤菌和好气性自生固氮菌的活动则受到抑制。土壤的通气性还影响氧化还原过程。土壤中某些营养元素,如氮、磷、硫、铁、锰等,在土壤通气性良好时呈氧化态,而在通气不良时则呈还原态。如果土壤通气性不良,还原态过强,硝态氮的含量急剧下降。如出现涝害时,铵态氮在氧化层被氧化成硝态氮,随水下渗至还原层后,可被还原成游离态或氧化氮而流失。另外,土壤通气不良会产生过多的还原性物质,如硫化氢等对作物根系会产生毒害作用。

凡是影响土壤孔隙状况的因素,如土壤质地、结构、有机质含量、疏松状况以及土壤水分含量等,都能影响土壤通气性。在生产中,通过增施有机肥料,提高土壤有机质含量、促进良好结构的形成,以及适当深翻、中耕松土、排水等措施,来调节土壤的通气性和改良土壤空气状况。

不同的土壤选用的肥料种类不同,如通气性良好而保肥性能较差的沙性土壤,基肥可多施一些牛粪等冷性肥料或腐熟程度较差的有机肥料;追施氮素应掌握"少量多次"的原则,以减少养分的流失,提高肥料利用率;对于通气性较差而保肥性良好的黏性土壤,基肥可施用马粪等热性肥料或腐熟程度较好的有机肥料。

九、营养与施肥

1. 什么是枣树营养诊断？在枣树上应用现状如何？

枣树营养诊断是通过叶片或其他器官、枣园土壤中的养分含量以及其他理化指标，结合树体外观症状枣树营养状况进而判断来指导枣园施肥，在许多国家已进入实际应用阶段，取得了成功。某些国家的营养诊断技术已成为果树生产管理中的一项常规技术，实现了果园施肥的科学化，使果品产量和品质不断提高。

我国果树营养诊断工作起步晚，近十几年来，在柑橘、梨、苹果、桃、核桃等树种上进行了一些研究，初步提出了比较适合我国现状的营养诊断技术和指标。由于国外枣树栽培量小，关于枣树营养诊断方面的研究报道很少，我国自 20 世纪 80 年代中期才开始对枣树营养诊断的研究。现在初步建立了枣树营养诊断技术体系，目前正在推广应用。

2. 枣树营养诊断有何意义？

通过营养诊断，可以确诊导致枣树可见病症的生理失调因素、缺素种类；及时发现无病症枣树的元素缺乏和过量以及某元素潜在缺乏或过剩区域；明确树体和土壤中营养元素间的增效和拮抗作用；及时掌握施肥效应和施肥后树体吸收情况；进一步了解各种元素的生理功能；预测枣树各种养分变化与外界生态环境的关系。

3. 枣树营养诊断的方法有哪些？

枣树营养诊断的方法很多，如枣树缺素外部症状诊断、田间试验（盆栽试验）、生物化学诊断法、原子示踪法、微生物测定法、植物显微化学鉴定法、枣园土壤诊断法、树体中有效养分的常规分析及叶分析法等。目前,枣树上已经确定了以叶片分析为中心的营养诊断法。

4. 枣树营养诊断适宜采样的器官是什么?何时采样最适宜?

根据盆栽和田间施肥试验研究结果,证明枣树叶片对施肥的反应最敏感,其次是根,1年生枣头、一次枝、二次枝、枣吊较差。由此可确定,枣树营养诊断的最适采样器官是叶片。叶片作采样器官还具有采集方便,对树体影响小等优点。对不同年份、不同枣品种、不同树势枣树叶片 20 种矿质元素含量年周期变化的研究结果表明,叶片中所含大多数矿质元素集中在 7 月中旬至 8 月中旬。如果仅分析氮和磷两元素,自 6 月下旬至 9 月上旬均可采样。

5. 枣树分析用的叶样如何采集?

目前建立的枣树叶分析采样适期和营养诊断标准,均是按照一定的采样方法进行的。因此,供试枣园叶样也应当按照相同的采样方法采集叶片,以便进行比较。枣树叶片采样方法为:取树冠外围枣吊(不分结果吊和未结果吊)中部叶片,每吊取 1 片叶,每株在树冠 4 个方位采 4～8 片叶,每园采集 100～300 片。取样高度依树体大小而定,对于幼龄树和生长结果期树,取树冠中部外围叶片。对成龄大树,在距地面 1.2～1.7 米范围内取样。将取下的叶片放入纸袋或塑料袋内,马上送交实验室处理。如当天不能及时送到实验室,应存放于 1℃～5℃ 的冰箱内保存,在冰箱内保存时间不宜过长,最多不超过 3 天,采集叶样时要注意选择有代表性的树,不采因开甲不当或因病虫危害等因素而导致生长不正常的植株或枝条上的叶片,以免造成误诊。

6. 枣树营养物质的来源主要有哪些？

枣树营养物质和生物产量的 90%～95% 是来自绿色部分，特别是叶片光合作用的产物，5%～10% 为根系从土壤中吸收的矿质元素。如果绿色部分和根系生长差，功能弱，就会影响到枣树矿质元素和营养物质的生产，特别对叶片的光合作用影响更大。枣树叶片是进行物质生产的主体，而叶片光合产物的多少与光照强弱、叶面积大小及所供给的二氧化碳、水分和温度等条件密切相关。

7. 影响光能利用率的主要因素有哪些？

(1)光能的截获量 光能的截获量与叶片大小、数量、分布有关。单叶面积大，着生均匀，互不重叠则接受光量多，光能利用率高，有机营养生产多；但叶面积过大，则会导致叶片生长过密、树冠郁闭，反而降低光合效率，异化作用增强，同化产物下降。因此，叶面积系数必须保持在适宜的范围内。通过整形修剪，合理安排树体结构，以便获得更多的光能，提高光能利用率，增加光合产物。

(2)二氧化碳的浓度 二氧化碳是光合作用的主要原料，空气中二氧化碳含量的高低直接影响叶片光合强度的大小。树体光合作用所产生有机营养物质的多少，与二氧化碳浓度的高低成正相关，只有达到二氧化碳饱和点后，光合强度才不再增加。因此，枣树树体结构合理，枣园密度适宜，行间、株间及冠内通风透光良好，使枣园中气体更新及时，才能保证树体光合作用对二氧化碳的需求。尤其在设施栽培中，必须增施有机肥料或人工补施二氧化碳气肥，提高空气中二氧化碳的浓度，才能达到高产优质的目的。

(3)温度 枣树的光合强度与温度关系密切，枣树进行光合作用最适宜的温度为 20℃～30℃。因此，生产中将温度尽量维持在枣树生长发育所需要的最适温度或基本适宜状态。高温季节，采取地下浇水，树冠喷水，地面覆草等措施，不仅可降低土壤温度和树体温度,达到增强光合作用,促进营养物质生产和积累目的,而且还可预防干旱,增强根系吸收能力,降低呼吸消耗,提高产量和质量。

(4)水和矿质元素　水是枣树进行光合作用的原料,也是树体进行一切生命活动的必要条件。枣树缺水,轻者萎蔫,重者焦叶、缩果,甚至枯死。但是,枣园浇水要科学合理,要根据土壤墒情、天气状况和枣树需水规律进行。矿质元素是细胞营养所必需的重要组成成分,枣树根系从土壤中源源不断地吸收水分和各种矿质元素,以满足各种生命活动的需要。因此,合理施用有机肥、化肥和中微肥,适时浇水,保证肥水供应,才能满足枣树对水分和矿质元素的需要,提高树体的生命活力,提高光合效率。

(5)枣树的群体结构　包括叶面积指数、叶龄及叶片的生长动态、叶绿素含量等。适宜的叶面积指数是提高光合产量的一项重要指标,比较合理的叶面积指数为 5～7。如果小于 3 时,光合产量随叶面积指数的减少而下降;若叶面积指数大于 8 时,叶片互相遮荫,光照恶化,光合产量反而下降。因此,生产中不要盲目施肥,尤其是氮肥,以免叶面积过大,消耗肥水,恶化光照,导致产量下降。枣树的幼叶光合作用差,消耗大于同化作用,不利于营养积累。衰老叶生理功能降低,光合作用减弱,制造有机营养较少。只有健壮叶片,生理活性高,同化作用强,制造的有机营养多,更有利于树体营养的积累。叶绿素含量与叶片的光合强度关系密切。叶色浓绿、叶绿素含量高的叶片,光合强度明显高于叶色浅、叶绿素含量低的叶片。

8. 叶绿素的形成与哪些因素有关?

叶绿素的形成与光照、温度、水分及矿质营养供应有直接关系。

(1)光照　光是叶绿素形成的必要条件,枣树叶片只有依靠光照才能生成叶绿素,从而转变成绿色。

(2)温度　叶绿素的形成需要一定的温度条件,最适温度为

26℃~30℃。

(3)水分　叶片一旦缺水,不仅形不成叶绿素,而且会加速叶绿素的分解。所以,当土壤干旱时,枣树叶片会出项变黄现象。

(4)矿质元素　氮是组成叶绿素的重要成分,缺氮叶片则变黄,氮肥充足,叶色浓绿。镁也是叶绿素的重要组成成分,枣树缺镁时,叶绿素难以形成或遭到破坏,叶脉间失绿变黄。其他矿质元素,如硫、铁、铜、锌等,也是叶绿素不可缺少的矿质元素。

9. 如何协调枣树营养生长和生殖生长的关系?

营养生长与生殖生长是矛盾的统一,贯穿枣树生长发育的全过程。营养生长是基础,生殖生长是目的,协调营养生长与生殖生长之间的矛盾是枣树技术管理措施的主要目标。施肥时期、方法、种类和数量等也要为这一目的服务。在枣树整个生命周期中,幼树良好的营养生长是基础,没有良好的营养生长,就没有较高的产量和优良的品质。

因此,在有机肥充足的枣园可少施氮肥,多施磷肥;在肥力差的地块,不可忽视氮肥的施用。幼树期根系少,吸收能力差,加强根外追肥对于加快营养生长,发挥叶功能有重要意义。但营养生长进行到一定程度时,要及时促进由营养生长向生殖生长的转化,土壤施肥以磷、钾肥为主,少施或不施氮肥;叶面肥早期以氮肥为主,中后期以磷、钾肥为主,促进花芽分化和结果;进入盛果期后,生殖生长占主导地位,大量养分用于开花坐果,减少无效消耗,节约养分具有非常重要的意义。在施肥上要氮、磷、钾配合施用,增加氮、钾的量,满足枣果的需要,并注意保持健壮的树势。

10. 在一年中枣树营养利用分哪几个时期?

一年中,枣树营养可分为 4 个时期。

(1)利用贮藏养分期　此期主要从春季树液流动开始到枣头、

枣吊迅速生长期。这时叶面积小,幼叶多,光合速率低,光合产物少,所需的营养物质主要依靠年前树体贮备的营养,以满足生根、萌芽、展叶、枣吊及枣头生长、花芽分化和开花坐果等各器官的生长发育。

(2)贮藏养分和当年生养分交替期 随着叶片生长及成熟比重的增加,光合产物越来越多,各器官生长发育除了依靠一部分年前的贮备营养外,越来越依靠当年合成的营养物质。

(3)利用当年营养期 随着新梢生长速度的减慢,以至于停止生长,成熟的叶片越来越多,光合速率迅速增加,叶片光合作用所产生的光合产物也越来越多,树体的生长和果实发育全部依靠当年合成的营养物质的供应。

(4)营养转化积累贮藏期 自枣吊、枣头停止生长,叶片光合作用所制造的光合产物除供给各器官生长发育外,并有一定的剩余,多余的营养物质开始被树体贮存起来。果实采收后直到落叶,此时期秋高气爽,阳光充足,有利于光合作用的进行。同时,昼夜温差不断增大,抑制了呼吸作用对有机物质的消耗,有利于光合产物的积累,营养物质自上而下运送到芽、枝、干和根系中贮存起来。

11. 在枣树的年生长周期中怎样协调各营养期的矛盾?

早春萌芽、枝叶生长和根系生长与开花坐果所需营养主要是利用贮藏养分。此期,各器官对养分的竞争激烈,尤其是开花坐果期对养分的竞争力最强,因此在协调矛盾上主要应采取抹芽、摘心、环剥减少无效消耗。在根系管理和施肥上,应注意提高地温、促进根系活动,加强对养分的吸收,并加强从萌芽前就开始的根外追肥,缓和养分竞争,保证枣树正常的生长发育。在贮藏养分和当年养分交替期,又称"青黄不接"期,要采取提高地温、促使甲口早愈合,使根系早吸收,加强秋季管理、提高贮藏水平、疏果定果节约养分等措施,以利于延长贮藏养分供应期,提早当年生养分供应期,缓解矛盾,是保证连年丰产稳产的基本措施。在利用当年营养期,有节奏地进行营养生长、养分积累、生殖生长,是养分生产和合理运用的关键。此期养分利用中心主要是枝梢生长和枣果发育,留枣头过多、过旺或坐果过多是造成营养失衡的主要原因。施肥上要保证稳定的营养供应,注意根据树势调整氮、磷、钾及中微量元素比例,特别是氮肥的施用量、施用时期和施用方式。养分积累贮藏期是叶片中各种养分回流到枝干和根中的过程。适时采收、保护秋叶、早施基肥和加强秋季根外追肥等措施,是保证养分及时、充分回流的有效手段。

12. 怎样提高枣树的营养贮藏?

提高枣树贮藏营养水平应贯穿于整个生长季节,开源与节流并举。开源方面应重视配比平衡施肥,加强根外追肥;节流方面应注意减少无效消耗,如疏果、抹芽、摘心等。提高树体贮藏营养的关键时期是果实采收前后到落叶前,秋施基肥,保叶养根和加强根外补肥是行之有效的技术措施。

13. 什么叫有益元素? 有益元素有哪些作用?

目前,公认的高等植物的必需营养元素共 16 种。此外,还有几种化学元素对植物是有益的,被称为有益元素。有益元素是指能促进植物生长发育和提高作物产量,但并不是所有植物所必需的,或者只是某些植物所必需的元素。常见的有益元素有:钠(Na)、硅(Si)、钛(Ti)、硒(Se)、矾(V)和碘(I)等。随着人们对有益元素认识的提高,含有益元素的肥料或制剂在农业生产上已得到应用,并显示出它们在提高作物产量方面的积极作用。

(1)钠肥的施用 由于不同作物对钠的反应有差异,所以在以下 3 种情况下施钠能得到较好的效果:一是对喜钠植物,如甜菜、水稻、番茄等作物;二是当土壤中有效钾含量低时;三是季节性干旱地区,由于土壤缺水,钾的有效性降低时。

(2)硅肥的施用 硅是水稻的必需营养元素,这已成为人们的共识。在高产栽培条件下,硅不仅能使水稻增产,而且对稻谷品质也有重要影响。常用的硅肥是硅酸钙。施硅的效果主要表现在硅能减轻水稻土中锰和铁的毒害;硅能增加叶片直立度,减少相互遮荫,增强抗倒伏性。在其他禾谷作物上,施用硅肥也有类似的作用。

(3)钛制剂的使用 据试验,喷施 3.4％柠檬酸钛水剂在多种大田作物、蔬菜和果树上均有明显的增产效果。粮食作物平均增产 10％~20％;蔬菜、瓜果平均增产 15％~30％;经济作物平均增产 15％~20％,经济效益十分显著。

钛的功效概括起来有以下几点:可明显提高叶绿素含量,增强光合作用效率,从而增加干物质积累;明显提高作物体内多种酶的活性,特别是固氮酶;能促进根系生长,提高吸收土壤养分的能力;能增强作物的抗逆能力,如抗病、抗寒、抗旱等;能促进作物早熟。

应该指出,合理施用氮、磷、钾和微量元素肥料对未来农业将会带来新的跃进,大力推广应用有益元素肥料或相应的制剂,是今后发展农业生产新的方向。

14. 土壤养分形态有哪些?

土壤养分的形态有 5 种类型:第一类,水溶性养分,也就是土壤溶液中的养分;第二类,代换性养分,即土壤复合胶体上吸附的养分,对水溶性养分起补充作用;第三类,缓效性养分,即土壤某些矿物中较易分解释放的养分;第四类,难溶性养分,指土壤原生质矿物组成中所含的养分,是一切作物养分的重要贮备和基本来源;第五类,土壤有机质和微生物体中的养分,土壤有机质经微生物分解之后成为树体吸收利用养分,微生物死亡后,养分很快释放出来。所以,土壤有机质含的养分部分是有效的,而微生物体中所含的养分可全部看做是有效养分。

15. 什么叫速效性养分？

速效性养分是指土壤中水溶态养分和交换态养分的总和,其特点是能直接被树体吸收利用,是枣树获得高产的保证。但是,土壤中速效性养分的数量一般很少,难以满足树体生长发育的需要,大部分养分都是树体不能直接吸收利用的,必须经过转化或分解才能被利用。就好像仓库里有很多粮食,但不能直接食用,只有经过加工,制成食品才能吃一样。

16. 枣树根系是怎样吸收水分和养分的？

枣树吸收水分和养分是靠木质部输导进入树体内的,前提是木质部必须已充分分化,且根系表皮木栓化尚未达到足以降低透性的区域。枣树吸水和吸肥虽有密切联系,但它们又是相互独立的。吸水主要靠蒸腾拉力,主动吸水(由根系呼吸作用引起的)占的比例很少。而养分吸收一方面是由于蒸腾拉力,将溶解于水中的矿质养分带入根内,另一方面是由于根系生命活动,有选择地吸收矿质元素离子,这部分吸收是独立的,对养分吸收有很大作用。

17. 枣树各种养分以何种形式被吸收利用？

枣树根系可以吸收的氮素为硝态氮和铵态氮,也可吸收氨基酸和尿素态氮。硝态氮进入树体内即被还原成铵态氮,铵态氮在根细胞或地上部分器官细胞中与氮水化合物可合成氨基酸或酰胺,进一步转化成其他氮化物供树体需要,如果氮量过多在体内积累即可发生中毒。磷主要以磷酸二氢根、磷酸一氢根形式被枣树吸收,枣树对磷的需要量远比氮素少,比钾、钙需要量也少。磷主要依靠扩散移动到根表,然后被吸收。对磷的同化是在根细胞内进行的,磷以有机磷和无机磷的形式上运。钾主要以钾离子的形式被树体吸收。钾在树体内以无机酸盐、有机酸盐、钾离子等形式存在。钙的吸收和运输，一般在未木栓化的幼根中，以钙离子的形式被树体吸收，通过木质部运输到地上部供枣树需要。钙在树体内以果胶酸钙、草酸钙、碳酸钙结晶等形式存在。另外，枣树多以二价铁离子、锌离子、硼酸二氢根的形式吸收这几种微量元素，运输到地上部供枣树生命活动之需。

18. 枣树体内的矿质营养是如何循环和利用的？

枣树体内韧皮部中移动性较强的矿质养分，从根的木质部中运输到地上部以后，又有一部分通过韧皮部再运到根部，而后转入木质部继续向上运输，从而形成了养分自根部到地上部之间的循环流动。树体内养分的循环是枣树正常生长发育所不可缺少的一种生命活动。氮和钾的循环最为典型。当枣树根系从土壤中吸收了硝态氮（$NO_3 N$）时，一部分 NO_3 在根中还原成氨，进一步形成氨基酸并合并成蛋白质；另一部分 NO_3 和氨基酸等有机态氮，进入木质部向地上部运输，在地上部叶片中，NO_3 还原成氨基酸，继续合成蛋白质，或通过韧皮部再运输到根部。

钾也是枣树体内循环量最大的元素之一。它的循环对树体内电性的平衡和节省能量起着非常重要的作用。根系吸收的 K^+ 在木质部中作为 NO_3 的陪伴离子向地上部运输，到达地上部后，NO_3 还原成 NH_3，为维持电性平衡，地上部有机酸与 K^+ 形成有机酸钾盐。有机酸钾盐可在韧皮部中运往根部。在根部有机酸钾盐分解为 K^+ 和有机酸，有机酸可作为碳源构成根的结构物质或转化成 HCO_3 分泌到根外。在根中的 K^+ 又可再次陪伴 NO_3 向地上运输。

枣树体内一部分矿质元素能够被再利用，另一部分矿质元素不能被再利用。矿质元素被再利用的过程是漫长的，需要经过很多步骤和程序。因此，只有在韧皮部中移动性较大的元素如氮、磷、钾等，可以被再利用，而移动性小的营养元素如钙、硼、铁等，一般不能被再利用。在枣树的生长发育过程中,经常会出现养分供应不足的现象,导致树体营养不良。为维持枣树正常的生命活动,养分从老器官向新器官的转移再利用是必然的,但枣树体内不同养分再度被利用的程度是不一样的。再利用程度较高的营养元素,缺素症首先表现在老叶上,而不能被再利用的营养元素,缺素症首先表现在幼嫩的器官。如氮、磷、钾、镁等,在树体内的移动性较大,因而再利用程度高,当这些养分缺乏时,可从老叶转移到新生器官,以保证幼嫩器官正常的生长和发育;铁、锰、锌、铜等微量元素,在韧皮部中的移动性较差,再度利用程度低,因而缺素症首先表现在幼嫩器官。养分的再度利用是枣树生长中非常重要的条件,它可以直接影响枣果的产量与品质以及肥料利用率的高低。因此,生产中要采取各种有效措施,提高树体内各种养分的再利用效率,使有限的养分发挥更大的增产作用。

19. 为什么说各种营养元素对枣树生长发育是同等重要和不可代替的?

尽管树体内各种营养元素的含量差异很大,有的相差十倍、百倍、千倍,有的相差甚至更大,但它们担负的营养生理作用却是独特的、相互之间是不可代替的。因此,对于枣树来讲,各种营养元素是同等重要和不可代替的。在施肥的时候,不能认为植物体内含量多的氮、磷、钾重要,而含量少的中、微量元素就不重要;更不能用多施氮肥来代替磷、钾肥。同样,也不能因为施用了氮、磷、钾肥,就不用施中、微量元素肥了。因此,在制定枣树施肥方案时,必须考虑到各种营养元素之间的合理搭配和平衡,这是指导合理施肥,实现高产、优质、高效综合目标的一个基本原则。

20. 树体中各元素间存在什么关系?

在树体中,各元素存在着各种各样的关系,有的起相互促进作用,有的起拮抗作用。如钾可促进氮和磷发挥作用,而钾是通过氮和磷起作用,供氮、磷不足时,钾的作用便会降低。氮与锌也有一定的相互促进作用,锌与氮肥混施可提高锌的利用率。元素间的拮抗作用比较典型的是钾与钙、镁,大量施用钾肥可抑制钙和镁的吸收;磷与铁的拮抗主要是由于磷可固定铁。因此,在营养诊断中,不仅要考虑某种元素的绝对浓度,还要考虑元素间的平衡。

21. 氮素对枣树生长发育有什么作用?

氮是细胞蛋白质的主要成分,又是枣树叶绿素、维生素、核酸、酶和辅酶系统、激素等许多重要代谢有机化合物的组成成分,是生命物质的基础。氮素充足,可促进幼叶的生长发育,叶面积增大,叶绿素含量高,光合作用强,光合产物多,同时可促进根系的生长和对养分、水分的吸收。枣树在进入休眠期以前,叶片中的氮会转移到贮藏器官中,一部分进入韧皮部,一部分转移到根部。根系和韧皮部中的氮素非常重要,是翌年枝叶生长所需要的主要氮素来源。因此,采果后,结合秋季施肥,及时补充氮肥,有利于根系和韧皮部贮藏较多的氮素,对翌年枝叶生长及开花坐果意义重大。当枣树缺氮时,生长速率显著减退,叶绿素合成减少,类胡萝卜素出现,叶片呈现不同程度的黄色;由于氮可从老叶中转移到幼叶,因此缺氮症状首先表现在老叶上。

22. 氮素代谢与水分有何关系?

当水分供应充足时,叶片气孔开张,能制造较多的光合产物,从而合成较多的蛋白质,有利于生长。而在土壤水分供应减少时,先是水分的吸收减少,导致氮的吸收随之减少,在极端干旱的情况下,甚至不能制造出足够的碳水化合物,这就无法与吸入根系中的铵态氮进行氨基酸合成,使得铵态氮在树体内积累。铵态氮的积累,能够抑制硝酸还原酶的作用,停止树体中硝态氮到亚硝态氮的转化。此时,即使土壤中有再多的硝酸盐,树体也不能吸收利用,因为只有铵态氮转化为氨基酸时,硝态氮才能进入细胞。

23. 氮素与植物生长调节剂有什么关系?

施用氮肥有利于枣树生长,可使树上长出较多的幼嫩枝叶,这些枝叶能合成较多的赤霉素,赤霉素有抑制树体内源乙烯合成的作用,使气孔不关闭。因此,适量施氮肥可制造更多的光合产物,有利于根的生长以及更好地吸收土壤中的水分和养分。由此可见,氮素不仅起营养元素的作用,而且还起调节植物生长调节剂的作用。

24. 磷元素对枣树生长发育有什么作用?

磷在枣树体内的分布是不均匀的,根、茎的生长点中较多,幼叶比老叶多,果实和种子中含磷最多。当缺磷时,老叶中的磷可迅速转移到幼嫩的组织中,甚至幼叶中的磷也可输送到果实中。

磷对碳水化合物的形成、运转、相互转化以及对脂肪、蛋白质的形成起着重要作用。磷酸直接参与呼吸作用的糖酵解过程。磷酸存在于糖异化过程中起能量传递作用的三磷酸腺苷、二磷酸腺苷及辅酶等物质中,也存在于呼吸作用中起着氢的传递作用的辅酶Ⅰ和辅酶Ⅱ中。磷酸直接参与光合作用的生化过程,如果没有磷元素,枣树的代谢活动就不能正常进行。

缺磷时,营养器官中糖分积累,有利于花青素的形成,同时,硝态氮积累,蛋白质合成受阻。适量施用磷肥,可以使枣树迅速通过生长阶段,提早开花结果和成熟,提高枣果品质,改善树体营养和增强抗性等。

枣树施用磷肥过量时,会引起树体缺锌,这是因为磷肥使用量增加,提高了树体对锌的需要量。

25. 钾在枣树生长发育过程中起哪些作用？

钾在枣树年生长周期中，不断从老叶向生长活跃的部位运转，因此，生长活跃的组织积累钾的能力最强。

钾在光合作用中占重要地位，对碳水化合物的运转、贮存，特别是淀粉的形成有重要作用；对蛋白质的合成，也有一定的促进作用。钾还可为某些酶和辅酶的活化剂，能保持原生质胶体的物理化学性质，保持胶体一定的分散度与水化度、黏滞性与弹性，使细胞胶体保持一定的膨压。因此，枣树生长或形成新器官时，都需要钾的存在。钾离子可保持叶片的气孔开张，这是由于钾可在保卫细胞中积累，使渗透压降低，迫使气孔开张。树体中有充足的钾，可加强蛋白质与碳水化合物的合成与运输，并能提高树体的抗寒与抗病能力。

枣树缺钾时，钾的代谢作用紊乱；树体内蛋白质解体，氨基酸含量增加；碳水化合物也受到干扰，光合作用受到抑制，叶绿素被破坏，叶缘焦枯，叶片皱缩。

26. 钙在枣树生长发育过程中起哪些作用？

钙离子由根系进入树体内，一部分呈离子状态存在；另一部分呈难溶的钙盐（如草酸钙、柠檬酸钙等）形态存在，这部分钙的生理功能是调节树体的酸度，以防止过酸的毒害作用。果胶钙中的钙是细胞壁和细胞间层的组成成分。它能使原生质水化性降低，与钾、镁配合，能保持原生质的正常状态，并调节原生质的活力。因为细胞膜和液胞膜均由脂肪和蛋白质构成，钙在脂肪和蛋白质间起到把这两部分结合起来的作用，借以防止细胞或液胞中物质外渗。如果枣果中有充分的钙，可保持膜不分解，延缓变绵衰老过程，使枣果优良品质不变。

27. 缺钙对枣树生长发育有何影响?

当枣果中钙的含量低时,成熟后,膜迅速分解(氧化)失去作用,此时细胞中所有的活动如呼吸作用和某些酶的活性均加强,导致枣果衰败,出现浆果、烂果、裂果等生理性病害。在枣果采收后,用钙盐溶液浸果,可迅速恢复膜的正常功能,防止许多贮藏病害的发生。钙是一些酶和辅酶的活化剂,如三磷酸腺苷的水解酶、淀粉酶都需要钙离子。

28. 钙在枣树中的分布主要有哪些特点?

钙在枣树体中是一种不易移动的元素,初期供应的钙,大部分保存在下部老叶中,向幼嫩组织器官移动很少。因此,老叶中的钙比幼叶中的多,而且,叶片不缺钙时,果实仍有可能缺钙。枣树各器官中钙的含量是不均匀的,叶片中含量最高,根中次之,果实中含量最少。

29. 其他营养元素对钙有何影响?

其他营养元素会影响钙的吸收,比如铵盐能减少钙的吸收;高氮和高钾要求更多的钙;镁可影响钙的运输,当树液中镁离子增加时,钙离子的浓度相应减少;适量的硼可使叶片中制造的碳水化合物向根中运输,使根系不断形成新根,从而促进钙的吸收。

30. 枣树缺硼对其生长发育有何影响?

硼不是植物体内的结构成分。在植物体内没有含硼的化合物,硼在土壤和树体中都以硼酸盐的形态存在。但硼对碳水化合物的运转和生殖器官的发育都有重要的作用。

枣树缺硼时,树体内碳水化合物发生紊乱,糖的运转受到抑制,由于碳水化合物不能运到根中,根尖细胞木质化,导致钙的吸收受到抑制。硼参与分生组织的细胞分化过程,缺硼时,最先受害的是生长点,因缺硼而产生的酸类物质,能使枝条或根的顶端分生组织细胞严重受害,甚至死亡。缺硼常形成不正常的生殖器官,并使花器和花萎缩,不能形成饱满的花芽,坐果率明显降低。另外,缺硼还会引起生理性缩果病害。这是因为在花粉管生长活动中,硼对细胞壁果胶物质的合成有影响。所以,在盛花期,常常喷施加入含硼和糖的混合溶液以提高坐果率。

31. 怎样防治枣树缺硼现象?

硼是细胞分裂、授粉坐果、糖的运输与代谢等生理活动所必需的营养元素。硼元素可促进枣树枝叶、根系生长,促进开花坐果,促进营养物质的运输与代谢,进而提高枣树的产量和品质。枣树补硼可通过下列方式进行:

(1)土壤施硼肥 土壤追施含硼的微量元素肥或将 99.9%硼酸钠(富利硼,含硼 21%)与腐熟好的农家肥或氨基酸生态有机肥混合施用,通过一次性施用,提供枣树所需的全部硼元素。施用量:每 667 平方米施用农家肥 2 500 千克或氨基酸生态有机肥 200～300 千克加富利硼 300 克拌匀后,采用放射状沟施或条状沟施方法施用。

(2)叶面喷肥 分别于花蕾期、初花期、盛花期、幼果膨大期和着色期,各喷布 1 次硼肥或氨基酸螯合硼。

32. 锌对枣树的生长发育有哪些作用?

锌是枣树生长发育过程中必不可少的微量元素,它对促进树体生长素的形成、叶绿素的合成、蛋白质的合成和种子的成熟,以及提高枣果产量都起着重要的作用。

枣树缺锌时,叶绿素合成受到抑制,叶片发生黄化;缺锌也会引起植株生长矮小和不利于种子形成等问题,枣树出现"小叶病"。

33. 铁对枣树的生长发育有哪些作用？

铁虽不是叶绿素的成分，但对维持叶绿体的功能是必需的；铁是许多重要酶的辅基成分，这些成分包括细胞色素氧化酶、氧化蛋白和细胞色素；铁还在呼吸作用中起到电子传导的作用。

枣树缺铁时，不能合成叶绿素，因为铁是合成叶绿素时某些酶或酶的辅基的活化剂，缺铁时枣树叶片表现黄化。因铁不易移动，所以幼叶表现更为明显。

34. 什么是营养缺素症？

各种营养元素在植物体内都具有各自独特的生理作用，当土壤中某种营养供应不足时，往往会导致一系列物质代谢和运转发生障碍，从而在植物形态上表现出某些专一的特殊症状，这就叫营养缺素症。

营养缺素症是由于营养不良而引起的一种病害，而不是由病原菌侵染引发的病害。由于起因不同，防治的措施当然就不一样，所以通常把缺乏养分引起的缺素症称为生理性病害。这种病害可以通过合理施肥来解决，而对于病原性病害，则需要通过综合措施包括喷洒农药来防治。营养缺素症是树体内营养失调的外部表现。因此，根据其树体表现症状进行形态诊断，是合理施肥的重要依据。生产上如能及时补肥，一般症状即可消失。

35. 枣树营养缺素症与病原性病害有何不同？

营养缺素症是由于营养不良而引起的一种病害，而不是由病原菌侵染引起的病害。由于起因不同，防治的措施也就不同。习惯上常把缺乏养分引起的缺素症称为生理性病害，它可以通过合理施肥来解决，而对于病原性病害，则应用喷布农药等措施来防治。

36. 如何根据树相来判定枣树缺素症?

在一定的立地条件下,由于植株长期与其适应的结果,树体各器官的数量、质量、功能不同,形成了营养水平与外观形态不同的植株类型,即呈现出不同的树相。

如果树体缺乏常量元素氮、磷、钾时,由于它们在作物体内流动性大,可从下部老叶向新叶中转移,以保证新叶的正常生长,因而缺素症状首先从下部老叶上表现出来;如果树体缺乏的是微量元素,由于它们在树体内大多是酶的组成部分,不易移动,不能从老叶中向新叶转移,因而缺素症状大多发生在新叶上。具体方法为:新叶淡绿,老叶黄化枯焦,早衰——缺氮;茎叶暗绿或呈紫红色,生育期延迟——缺磷;叶尖及边缘先焦枯并出现斑点,症状随生育期加重,早衰——缺钾;叶小簇生,叶面斑点可能在主脉两侧先出现,生育期推迟——缺锌;叶脉间明显失绿,出现清晰网状脉纹,有多种色泽斑点或斑块——缺镁;顶芽枯死,叶尖弯钩状并相互粘连,不易伸展——缺钙;顶芽枯死,茎叶柄变粗、脆,易开裂,花器官发育不正常,生育期延长——缺硼;新叶黄化,失绿均一,生育期延迟——缺硫;叶脉间失绿,并出现细小棕色斑点,组织易坏死——缺镁;幼叶萎蔫,出现白色叶斑,果、穗发育不正常——缺铜;脉间失绿,发展到整叶淡黄或发白——缺铁;叶生长畸形,斑点散布整个叶片——缺钼。

37. 枣树为什么要施肥?

在目前条件下,一般枣园的土壤肥力较低。要使枣树丰产、稳产,必须通过施肥,使土壤肥力保持在中、高档水平。

土壤的供肥能力是有一定限度的。据国外资料报道,土壤中氮肥供给量均为吸收量的 $1/3$,磷、钾约 $1/2$。所以,不足部分应通过施肥来补充。土壤施入的肥料并不能全部被树体吸收,有很大一部分是溶于水后流失或挥发了。据有关资料报道,氮的利用率为 50%,磷的利用率为 30%,钾的利用率为 40%。所以,一般要求施肥量要大于吸收量。

另外,除某些速效化肥在较短的时间内被根系吸收外,不少肥料施入土壤后,是逐渐被分解、释放、吸收利用的。如有机肥料施入土壤后,是逐渐被分解、释放、吸收利用的。有机肥料施入当年,只能被分解 50%,第二年、第三年分别被分解 30%和 20%;重过磷酸钙施入土壤后,经过土壤微生物的分解,第一至第三年分别被分解24.1%、4.1%和 28.3%。综上所述,枣园土壤施肥是十分必要的。

38. 枣树施肥应遵循什么原则?

(1)养地与用地相结合,有机肥与无机肥相结合的原则 长期以来,由于化肥的增产效果明显,以致出现重化肥、轻有机肥的偏向。但随着枣树生产过程中土壤有机质的消耗,土壤团粒结构被破坏,协调水、肥、气、热的能力降低,肥力减退。同时,长期大量使用化肥,不仅肥效越来越低,而且对枣果的品质带来越来越大的负面影响,缺素症现象更加突出。因此,增施有机肥,适量施用无机肥,提高土壤有机质含量,是今后枣园施肥的重点。

(2)改土养根与施肥并举的原则 土壤作为枣树生长的介质,与根系的生长、养分的有效性及利用率等关系密切。只重视施肥,忽视改土,往往造成施肥处根系密度不高,土壤环境差,肥料施入后易流失,固定、利用率低。所以,要大力提倡穴贮肥水和沟草养根施肥法。

(3)平衡施肥的原则 平衡施肥是综合运用现代施肥的科技成果,根据枣树需肥规律、土壤供肥特性与肥料效应,在以有机肥为基础的条件下,根据枣产量和品质的要求,采用合理施肥技术,按比例适量施用氮、磷、钾和微肥。其关键是根据这 3 个条件,综合考虑产量、枣树需肥量、土壤施肥量、肥料利用率和肥料中的有效养分含量等5项指标,制订合理的配方方案。

(4)注意中、微量元素的使用原则　缺素症的矫正,丰产枣园的进一步增产和品质的提高,都需要微量元素的供应。微量元素是枣树生长和结果必不可少的,但用量甚微的元素。所以,微量元素施用量不可与氮、磷、钾等大量元素等同,微量元素必须与有机质结合,而有机中微肥就是根据枣树的这一需肥要求而制订的一种全营养中、微量元素肥料。

39. 枣树施肥应遵循什么原理?

枣树施肥与其他果树一样,应遵循最小养分率、报酬递减率和养分归还学说三大原理。

(1)最小养分率　植物为了生长发育需要吸收各种养分,这些营养元素不论是大量元素,还是微量元素,作用是同等重要的。但是,限制作物产量的只是土壤中相对含量最小的营养元素,产量也在一定程度内随着这个养分的增加而增加,当通过施肥满足了作物对这种营养元素的需要后,另一种相对含量最小的营养元素又会成为限制作物产量的因素,这就是最小养分率。

(2)养分归还学说　植物以不同的方式从土壤中吸收养分,势必造成土壤中的养分减少,长此以往,土壤就会贫瘠。为了保持土壤的生产力,必须把植物取走的养分以施肥的方式归还给土壤,使土壤的亏损和归还之间保持一定的平衡,这就是养分归还学说。

(3)报酬递减率　在其他技术条件(如耕作、修剪和灌溉等)相同的情况下,在一定的施肥量范围内,产量随施肥量的增加而增加。当施肥量达到一定程度后,再增加施肥量时,则产量的增加却随着施肥量的增加而逐渐递减,这就是报酬递减率。

40. 合理施肥有哪些基本要求?

合理施肥是一项涉及面广、技术性强的农业栽培措施,也是实

现高产、优质、高效的基础性工作。在生产上,必须做到以下几点:

(1)有机肥料与化学肥料配合使用 有机肥料与化学肥料配合施用是一项科学施肥的决策,这是由有机肥料和化学肥料的性质和特点所决定的。

有机肥料含有大量的有机质,长年施用有机肥料不仅能增加土壤有机质含量,并能使土壤有机质得到不断地更新,从而使土壤的理化性质有所改善,因而有明显的改良土壤的作用。有机肥料中含有多种元素,养分全面,长期施用有机肥,可避免出现生理性病害。有机肥需要经过分解和转化,才能释放出养分供树体吸收。因此,施用有机肥后,当季利用率不高,效果不明显,但它分解时养分损失少,供肥时间长。

化学肥料养分含量高,见效快,但养分单一,易通过挥发、淋失(尤其是氮肥)等途径而损失,且长期施用化肥,会造成土壤板结,土壤透气性不好,甚至死根烂根。

因此,有机肥料和化学肥料各有优缺点,根据土地状况,两者配合施用就可以相互取长补短,充分发挥各自的特点。

(2)平衡养分 大量元素(氮、磷、钾)养分之间的平衡和大量元素与中、微量元素养分之间的平衡。只有在各种养分平衡供应的前提下,才能大幅度提高养分的利用率,增强肥效。

(3)灵活掌握施肥方式 基肥是枣树全年营养的基础,主要是有机肥料,还有一部分化肥,可为枣树整个生长期间提供良好的营养条件。追肥是在生长期间,为解决枣树需求养分与土壤供应养分之间的矛盾而施用的肥料。为了及时供应养分,主要施用速效性肥料,而且用量大,以保证枣树丰产对养分的需求。叶面喷肥是一种为弥补生长期养分不足而采取的临时性补肥方式,具有用肥少、见效快、安全无污染的特点。

(4)明确枣树的施肥原理 合理施肥一定要有理论指导,否则不可避免地会导致盲目施肥,只有对施肥理论的实质理解了,才能在生产中发现某一阶段的施肥问题,使施肥上多一些科学性,少一些盲目性。

(5)把握好五项施肥指标 施肥是否合理,不应仅从产量一个方面来判断,而应以产量、质量、经济、生态和改土五项指标来进行综合评价。这五项指标既体现出高产、优质、高效原则,又为保护环境,兼顾好当前利益和长远利益提供了保障。

(6)全面落实六项施肥技术 施肥技术是肥料种类、施肥量、养分配比、施肥时期、施肥方法和施肥位置等技术的总称。每一项技术都与施肥效果密切相关。

41. 怎样评价枣树合理施肥标准?

(1)高产指标 即通过合理施肥措施能使枣树单产在原有水平的基础上有所提高,因此"高产"指标只有相对意义,而不是以绝对产量为指标。

(2)优质指标 即通过合理施肥使养分能平衡供应,不仅能使枣树单产水平有所提高,而且在枣果质量方面也得到改善。在市场经济条件下,优质指标显得更为重要。

(3)高效指标 即通过合理施肥,不仅能提高产量和改善品质,而且由于投肥合理,养分配比平衡,从而提高了产投比,施肥效益明显增加。"高效"是以投肥合理、提高产量和改善品质为前提的。目前,部分枣农企图以减少化肥投入、降低生产成本来提高肥料的经济效益,这种想法是错误的。

(4)生态指标 即通过合理施肥,尤其是定量化施肥,控制氮肥用量,使土壤和水源不受污染,从而能保护环境,提高环境质量。因此,生态指标具有深远影响和深刻含义。

(5)改土指标 即通过有机肥与化肥的配合施用,在逐年提高产量的同时,使枣园的土壤肥力有所提高,从而达到改土目的,这是建设高产稳产枣园的重要内容。枣园土壤经过改良、培肥,不仅提高了土壤中有效养分的含量,而且对土壤物理性状,如通气性、透水性、保肥性、耕性以及容重等得到了改善,从而提高了土壤的缓冲性和抗逆性。

值得注意的是,以上 5 项指标对于合理施肥来说都是很重要的。它们虽有其独立的含义,但是对评价合理施肥措施则具有综合意义;前 3 项指标是当前国家提出的发展高产、优质、高效农业的基本要求,后两项指标则是发展可持续农业和提高环境质量不可忽视的。

42. 什么叫枣树栽培的计量施肥?其理论依据是什么?

目前,国外确定枣树最佳施肥量的最先进方法是根据大量田间试验和土壤、植株分析等科学资料,应用计算机计算最佳施肥量。此外,尚无统一的简单易行的科学方法可循。如利用计算机,可很快测出很多精确数据,使施肥量的理论计算成为现实。通过电子计算机对肥料成分、施肥量、施肥时期以及灌溉方式、栽培措施等对肥效的影响进行数据处理,能很快计算出最佳施肥量。目前,我国枣区确定施肥量的主要依据为:

(1)枣树营养元素的吸收量 枣树的生长发育,需要几十种元素,其中碳、氢、氧、氮、磷、钾、钙、镁、硫、硼、铁、锌、锰、铜、氯、钼 16 种是必需营养元素,其中氮、磷、钾为大量元素,钙、镁、硫、氯是中量元素,其他几种是微量元素。不同枣树品种每天吸收各种营养元素的数量差异很大,施肥时怎样确定肥料元素种类和施肥量,目前尚在研究阶段。山东果树研究所提出,每产 100 千克鲜枣,需施纯氮 1.5 千克、五氧化二磷 1 千克、氧化钾 1.3 千克;山西农科院园艺所提出,要获取高产,基肥施用量应高于鲜枣产量的 1 倍,每产 1 千克鲜枣,需施 2 千克有机肥;河北昌黎果树所提出,每生产 100 千克鲜枣的基肥施用量,应折合纯氮 2 千克,磷(P_2O_5)1.8 千克,钾(K_2O)1.58 千克,按此量施肥,可以保持树势健壮,连年丰产。

(2)土壤与气候条件 土壤肥力的高低决定果实产量的多少和品质优劣。不同地区、不同枣园土壤状况差异较大。施肥量要与土壤肥力和理化性质相适应。一般山地、沙滩荒地、盐碱地土壤瘠薄，施肥量宜大；土壤肥沃的平地枣园，养分释放潜力较大，施肥量可酌情减少。

地形、地势、土壤酸碱度、土壤温湿度、气候条件以及土壤管理制度等，对施肥量都有影响。因此，确定施肥量应从多方面因素考虑。适宜用肥量，应充分满足枣树对各种营养元素的需要，做到经济有效地利用肥料。

43. 什么是有机肥？枣树施有机肥有什么好处？

有机肥是农家肥料的总称，常用的有机肥有圈肥、厩肥、人粪尿、绿肥、土杂肥和饼肥等。有机肥是一种完全肥料，它含有枣树必需的各种营养元素，可以改善土壤结构，提高土壤的保肥保水能力。有机肥是土壤微生物能量和养分的主要来源，施用有机肥，可以促进土壤微生物的活动，微生物的活动加速有机肥料的分解矿化，释放养分。有机肥在分解过程中，产生多种有机酸，有利于土壤中难溶性养分溶解释放，提高养分的有效性，充分发挥土壤的潜在肥力。有机肥料在分解过程中可产生二氧化碳，促进枣树的光合作用。总之，有机肥的作用是多方面的，它具有化肥所没有的优越性。

44. 枣园施用有机肥时应注意哪些问题？

有机肥料必须经过腐熟后才能施用。这是因为：第一，有机肥料所含养分主要为有机态，而根系能吸收的养分主要为无机态，只有当有机肥在腐熟过程中，将有机态养分转化为无机态的速效养分，才能被枣树根系吸收。第二，有机肥如不经腐熟而直接施入枣树根部，会烧伤根系，严重时导致枣树死亡。这是由于有机肥料在土壤中进行腐熟，产生大量热量，烧伤了枣树根系。第三，有机肥在施用前经过腐熟,可利用腐熟过程中产生的大量热量,将有机肥料中的病菌、寄生虫卵杀死,防止杂草和病菌传播。

45. 枣树施用基肥的方法有哪些?

枣树基肥的施用方法主要有:环状沟施、放射状沟施、条状沟施、多点穴施、全园或树盘撒施等。选择何种施肥方法要以树龄、栽植密度、土壤类型、肥料多少不同而异。

(1)环状沟施 即围绕树冠外围挖一条环状沟,沟深、宽各40~50厘米。将表土与有机肥混合后填入沟内然后用底土填平。该施肥方法适于枣树幼龄期,施肥沟逐年向外移,诱导根系向外扩展。

(2)放射状沟施 即在距枣树主干20~50厘米处向外挖3~4条放射状沟,沟长至树冠外0.5米左右,沟深、宽各为40~50厘米,距树干近处沟浅些,远离树干处沟深一些。把表土与基肥混匀后施入,再用底土将沟填平,此施肥方法伤根少,根与肥料接触面积较大,适用于结果期枣树。

(3)条状沟施 即顺枣树行沿树冠一侧外围挖一条沟,可在枣树株间树冠外围挖一条短沟。沟深、宽各为30~50厘米。条状沟施要在树冠两侧轮换位置。此法节省劳力和肥料,非常适用于平地枣园,山地丘陵枣园亦可采用。

(4)全园或树盘撒施 方法是把基肥均匀地撒在枣园或树冠下,然后深翻20~30厘米,将肥料翻入土中。

以上几种施肥方法应轮换使用,既促进根系扩大,又防止内膛空虚。在挖施肥沟时,要注意少伤根系,尤其是直径大于0.5厘米的根要小心保护,以免被切断。

46. 如何确定枣树施肥的最佳位置?

养分在土壤中主要是通过扩散到达根系表面,但养分(尤其是磷、钙、铁等难移动元素)在土壤中扩散速度很慢,扩散有效距离很短,在干旱地块问题更加突出。因此,在枣树施肥时,要把肥料施在细根比较集中的区域。挖放射状沟时,沟内沿距树干 50 厘米,外沿至树冠外围 50 厘米;穴施时,穴位于树冠外围两侧;挖条状沟时,沟位于树冠外沿内侧 50 厘米左右。沟或穴的深度标准为:追肥 15～20 厘米,基肥 40～50 厘米。

47. 如何确定基肥的施用量?

基肥施用量应根据枣树树体大小、产量及有机肥料的种类等因素来确定。一般生长结果期树每株施有机肥 30～80 千克;盛果期树每株施有机肥 100～250 千克。对纯枣园,每 667 平方米施有机肥 5 000～6 000 千克。养分含量高的优质有机肥可少施一些,养分含量低的土杂肥可多施一些。基肥中加入速效氮、磷肥的量因枣树大小而定。生长结果期树每株加入尿素 0.2～0.4 千克,过磷酸钙 0.5～1 千克;盛果期大树每株加入尿素 0.4～0.8 千克,过磷酸钙 1～1.5 千克。

48. 枣树为什么要强调早秋施基肥?

枣树早秋施基肥能使肥料有充足的时间腐熟,并使断根愈合发出新根。因为此时正是枣树根系的生长高峰期,根的吸收力较强,吸收后可提高枣树的贮藏营养水平。树体较高的营养贮备和早春土壤中养分的及时供应,可以满足萌芽、展叶、开花坐果和枝叶生长的需要。而落叶后或春季施基肥,肥效发挥作用的时间短,对枣树萌芽、开花坐果发挥作用很小,等肥料被大量吸收利用时,往往就到了坐果以后。

早秋施基肥,提高了贮备营养,可保证枣树顺利度过寒冬,保证下一个年周期启动后的物质和能量供应,是年间树体生命延续的物质基础。如果贮备营养匮乏,冬季树体抗逆性必然降低,常出现寒害、冻害,甚至死亡,也会影响枣果膨大。因此,提高树体贮藏营养水平,减少无效消耗,是枣树丰产、稳产和优质高效的重要技术原则和主攻方向。

49. 什么是追肥?

追肥是根据枣树生长发育的需肥特点,利用速效性肥料,为枣树提供养分的施肥方法。追肥使用的是速效性肥料,以化肥为主。如尿素、碳酸氢铵、磷酸二铵、过磷酸钙、硝酸钾和硫酸钾、氯化钾等。

追肥与基肥不同。追肥一般仅含枣树必需的一种或少数几种营养元素,属于不完全肥料,而基肥以有机肥为主,含有枣树所需的各种养分,属于完全肥料。基肥肥效发挥慢,肥效长,不易被淋失;追肥肥效快,肥效短,易随水流失。追肥和基肥对枣树的正常生长发育和高产稳产都具有重要作用,都应引起重视,不可偏废。

50. 为什么说枣树花后要科学追肥?

落花后,幼果即进入第一次膨大高峰期,肥水条件的优劣直接影响幼果的生长发育,也是预防病虫害发生和蔓延的关键。因此,加强幼果期追肥,是确保产量和质量的重要条件。

推行配方平衡施肥,养根壮树。施肥量为:氮磷钾肥 1~2 份＋有机钙硼硅镁锌铁肥 1 份(如施果多中微肥等)＋少量草肥。每株树挖 3~4 条放射状沟,深度 20~30 厘米,内浅外深,沟距树干 40 厘米。沟底铺 3~5 厘米厚的草肥(田间杂草或麦糠、麦秸等),将氮磷钾和有机钙硼硅镁锌铁肥与土混合均匀,填入沟内,上覆 10 厘米左右的表土。3~4 年生树,每株追施磷酸二铵 0.25 千克、硫酸钾 0.25 千克、有机钙硼硅镁锌铁肥(施果多)0.25 千克、草肥少量。施肥后浇足水。

通过上述方法施肥,可有效改善枣树根系生长吸收环境,树体吸收快,肥料利用率高,可起到养根壮树、提高树体营养、促进幼果膨大的作用。

51. 如何确定枣树的施肥总量?

生产中,实际施肥量要根据树龄、树势、产量等综合指标来确定。例如:一般冬枣树,每 667 平方米产量 1 000 千克时,全年共需肥量:有机土杂肥(必须经过充分腐熟发酵)2 立方米以上,氮磷钾复合肥 100 千克,有机钙硼锌铁硅镁肥,即中微肥 50 千克。

在一年中,早秋施入有机土杂肥的全部,氮磷钾复合肥和有机钙硼锌铁硅镁中微肥的 60%,即氮磷钾复合肥 60 千克,中微肥 30 千克;花蕾期(5 月上中旬)施入氮磷钾复合肥和中微肥的 10%,即氮磷钾复合肥 10 千克,中微肥 5 千克;幼果速长期(7 月上中旬)施入氮磷钾复合肥和中微肥的 20%,即氮磷钾复合肥 20 千克,中微肥 10 千克;枣果第二次速长以前(8 月上旬)施入氮磷钾复合肥和中微肥的 10%,即氮磷钾复合肥 10 千克,中微肥 5 千克。

52. 枣树年施肥量确定依据是什么?

以树龄和产量为基础,并根据树势强弱、立地条件以及诊断的结果等加以调整施肥的数量和比例。根据树龄确定枣树的年施肥量。

不同年龄枣树的年施肥量 (单位:千克/667 米^2)

树龄(年生)	有机肥	尿 素	过磷酸钙	硫酸钾
1~3	1000~1500	5~10	20~40	5~10
4~10	2000~3000	10~30	30~60	10~25
11~15	3000~4000	20~40	50~75	15~30
16~20	3000~4000	20~40	50~100	20~40
21~30	4000~5000	20~40	50~75	30~40
>30	4000~5000	40	50~75	20~40

根据土壤的肥力水平和树势强弱确定施肥量。

53. 目前,枣园施肥新技术主要有哪些?

在枣树栽培中,除了常规施肥方法外,经过长期的生产实践,总结出一系列配套施肥新技术,如穴贮肥水术、农用稀土微肥应用技术、树干强力注射施肥技术、管道施肥技术及根系灌溉施肥技术等。

(1)穴贮肥水技术 该技术是中国工程院院士、山东农业大学教授束怀瑞等研究推广的一种施肥新技术,特别适用于山地、坡地、滩地、沙荒地和干旱少雨的地区,是一种节约灌溉用水,集中使用肥水和加强自然降水的积蓄、保墒新技术。穴贮肥水技术,对以后的追肥十分方便,把肥料撒放到营养穴地膜空洞处,后浇灌少量水,肥料很快被冲到枣树根系密集区,肥效发挥快,省肥、省水又省工。因此,穴贮肥水技术是一项方法简单易行,取材方便,投资少,见效快的现代施肥技术,对于节水省肥,增加产量,提高品质等均具有显著的效果。

(2)农用稀土微肥应用技术 是指施用以稀土元素为主的微量元素肥料。稀土元素是以镧系元素及与镧系性质极相似的钪、钇等共 17 种元素的总称,农用稀土主要是以去除放射性杂质的氯化稀土做原料,加工制成的硝酸稀土的无机盐或有机盐。稀土微肥可用作叶面喷施、土壤沟施、浸种、拌种、蘸接穗等。枣树应用稀土微肥,可增加产量和果实中的钙含量,延长果实的贮藏期,降低多种生理性病害的发生。

(3)光合微肥施用技术 是通过叶面喷施光合微肥,以改善枣树营养状况,促进生长发育,提高光合效率,减少营养消耗,加速营养转化和积累,提高枣果产量的叶面施肥技术。一般从 5 月中旬开始喷施,每隔 15 天喷 1 次,连喷 3~4 次。果实采收后再喷 1次,以利于增强后期叶片功能,提高树体贮藏营养水平。其喷施浓度为 500 倍液左右。为提高叶片吸收能力,以下午 4 时后喷施为宜,并要对叶片正反面均匀喷布,喷后如遇雨需重喷。因光合微肥为微酸性,含多种金属微量元素,所以开花期不宜施用,以免影响坐果。如果与有机肥混合使用,效果更好。

(4)树干强力注射施肥技术　是将枣树所需要的肥料从树干强行直接注入树体内,靠机具持续的压力,将进入树体的营养液输送到根、枝和叶部,可直接被枣树利用,并贮藏在木质部中,长期发挥肥效。这种方法还可以及时矫正枣树的某些缺素症,减少肥料用量,提高肥料利用率,且不污染环境。

(5)管道施肥技术　是采用大贮藏池,统一配置肥液,用机械动力将肥液压入输送管道系统,直接喷施到树体上的一种施肥方法。通过管道系统有效地施用肥料,省肥、省工,耗能少,成本低,可以提高枣果品质,增加经济收入,实现现代枣园配套的一项新技术。

(6)根系灌溉施肥技术　实际就是灌根施肥技术。它是借助于滴灌输水系统,根据枣树需肥要求,将肥液注入管道,随同灌溉水一起施入土壤。由于节水节肥,适于干旱地区推广应用。

54. 枣园施肥技术一般包括哪些内容？对施肥效果有什么影响？

枣园施肥技术主要包括肥料种类、施肥时期、施肥方式与方法、施肥数量、施肥位置和各种营养成分的比例等。施肥措施是上述内容的总称,施肥效果是各项技术措施的综合反应。但在配方施肥中,确定施肥量是核心问题。因为其他施肥技术的效果只有在适宜施肥量的前提下才有意义。如果施肥量定得太高,除了造成严重浪费外,施肥技术再好也没有用。所以,经济合理的施肥方法是既能保证枣树必要的营养需求,又能减少肥料损失和节省肥料投资。对于实现枣树高产、优质、高效栽培具有十分重要的作用。

55. 枣树施肥的依据是什么?

在现代枣园施肥中,特别强调根据枣树品种、环境条件及栽培措施等因素,进行综合分析,以确定施肥时期、施肥量、施肥方法及肥料种类,才能达到科学施肥,经济用肥,提高肥料利用率的目的。

枣树根系的生长具有向肥性。由于施肥方法不同,根系分布也有很大差异。试验结果表明:全园施肥区各类根量多,分布均匀,范围也广。轮状施肥区根量少,分布不均,一般仅在施肥沟附近分布最多。且全园施肥区较轮状施肥区单株产量高、单果平均重。

根的向肥性不仅是水平分布的根,而且垂直方向的根也有这种特性。因此,有机肥料深施、广施,可诱导根系向土壤不同层次纵深生长。反之,浅施肥料,则根系分布也浅。而根系分布的深浅还与枣园管理制度有关。生草法枣园,因枣根与草根群争夺水分养分,枣树根系常上翻变浅。

根系深度分布情况也与肥料种类、施肥时期、施肥深浅有关。在生长后期或休眠期施肥,即使断伤部分根系,影响也不大,但在生长旺盛季节伤害根系,会破坏吸水和蒸腾的平衡关系,对枣树的生长发育不利。因而基肥以秋深施为好,追肥则以浅施为安全。在雨水多的地方,或地下水位浅,土壤有浸水可能的枣园,因土壤透气不良,基肥深施易产生有害的还原物质(硫化氢等)引发根系致毒腐烂。所以,多雨低洼地区的枣园,应开挖排水沟,注意雨季排水,降低地下水位、改善土壤通气状况,以防毒害。

肥料性质不同,施肥方法亦不同。有机肥料分解慢,肥效长,宜堆沤后作基肥,均匀深施;速效性的化肥,肥效短且易溶于水,在土壤中渗透性强,一般宜作追肥、浅施。例如,于1月份将铵态氮肥施入5厘米深的土层中,随着降水时期的不同,至3月中旬,一部分渗透到20厘米土壤内,大部分留在10厘米处;4月下旬至5月中旬一部分渗透至30厘米处,大部分残留在10~20厘米的土层内。因此,追肥宜浅施。另外,还要考虑各地的降水量、土壤条件、根系分布深度、施肥时期和肥料品种等因素,酌情深施。从根系较易吸收的 NO_3^--N,4 月下旬至 5 月中旬才开始显著增加。可见,从 NH_4-NY 施入到根系能吸收利用,还有一个转化过程。

氮肥的消长动态受气候条件的影响较大。一般 NO_3^--N 的消长盛期在 3 月中旬以后(平均地温 10℃),4 月下旬达高峰,至 6 月上旬急剧减少。NO_3^--N 的消长,以硫酸铵区最早,其次是颗粒肥料、菜籽饼;砂质土壤和火山灰质土较快,黏质土较缓慢。从各种氮肥种类在不同土壤中的肥效看,火山灰土施菜籽饼和颗粒肥料;黏质土施硫酸铵、颗粒肥料效果最好;沙质土肥料容易流失,施各种氮肥效果均不够理想。

磷肥在土壤中移动性差,且易被固定转化成不溶性的磷酸盐,不利根系吸收。施入酸性瘠薄土 5 厘米处的过磷酸钙,1~3 个月几乎全部在地表下 10 厘米残留下来;4 个月以后有所减少,20 厘米以下几乎没有变化。可见磷肥浅施后,主要是固定在土壤表层,不能达到根系分布层内。所以,磷肥以深施至根系密集层内为宜。

综上所述,红壤山地枣园增施有机肥料和石灰,能促进磷肥发挥肥效;磷肥与有机肥混施较单施效果好;深施比浅施好;集中施比分次施好。

56. 如何确定枣树的施肥时间?

(1)根据枣树的物候期　物候期代表着枣树生命活动的进程和吸收、消耗养分的程度。枣树树体养分的分配,首先是满足生命活动最旺盛的器官,即生长中心,也是养分分配中心。随物候期的推进,分配中心也随之转移。从萌芽到开花坐果期,幼叶、花芽分化及开花坐果需要的养分最多;在果实生长期,枣果迅速膨大期所需养分最多。同时,新梢生长、开花坐果期,营养供需矛盾非常突出,竞争激烈,此期枣树开花与枣吊生长、坐果和枣头生长同时进行。所以,必须施足肥料,才能协调生长和结果的矛盾,提高坐果率,增加产量。如果错过施肥时期,就会加重生理落果。

不同的物候期,枣树对各种营养元素的需要量也不同。如从枣树萌芽到开花坐果,需氮量最多;果实速长期需钾量增加,有80%～90%的钾是在此期吸收的;磷的吸收在生长初期最少,花期以后增多。

(2)根据根系的活动状况 从理论上讲,枣树根系没有自然休眠期,只要条件适宜根系全年都可发生和生长。但由于地上部供应养分的状况及外界环境条件的影响,根系的生长便呈现出动态变化,呈"三峰曲线"型生长。第一次在萌芽前后,第二次在6～7月份,第三次在采果后。在发根高峰来临之前施肥不仅可提高养分利用率,而且可增加根系对养分的吸收,为树体的生长发育提供充足的养分保证。

(3)根据土壤中营养元素和水分的变化规律 土壤营养元素的动态变化与土壤耕作制有关。清耕枣园,一般是春季氮素含量少,夏季有所增加;钾素含量与氮素相似;磷素含量则不同,春季多夏季较少。间作的枣园其土壤中养分含量有所不同。若间作豆科作物,春季氮素较少,夏季因固氮菌的作用使土壤中氮素增多,特别是种植豆科绿肥作物且进行压绿后,后期氮素增加更多。上述因素是确定施肥时期的依据之一。

土壤水分含量不仅影响营养元素的有效性,而且还影响肥效。土壤水分适度,能加速肥料的分解与吸收,水分过多,养分流失严重;土壤干旱,会因土壤溶液浓度过高而产生肥害,施肥有害而无利。因此,应根据枣园土壤水分变化规律或结合浇水进行施肥。

(4)根据肥料的性质与种类 易流失挥发的速效肥或施入土壤后易被固定的肥料,如碳酸氢铵、硝酸铵、过磷酸钙、微量元素肥料等宜在枣树需肥稍前期施入;缓效性肥料需经微生物腐解矿质化后才能被枣树吸收利用,应提前施入。同一种肥料因使用时间不同,肥效也有差异,如硫酸铵秋施较春施效果好。因此,肥料在临界期或最大效率期施用,才能发挥其最佳效益。

57. 灌溉施肥有哪些优点?

灌溉施肥是把水溶性的化肥(主要是氮肥)溶解于灌溉水中,使肥料随灌溉水进入土壤。灌溉施肥是一项创新的施肥技术,是将施肥与灌溉结合起来,既可同时供给肥水,又节省了劳力。灌溉施肥主要有喷灌施肥和滴灌施肥两种。它们的优点是:

(1)肥效快,易吸收 肥料呈溶液状态,能较快地渗入根区,可以被作物根系迅速吸收,同时喷在作物叶片上的养分也能被吸收。

(2)既节肥,又节水 灌溉施肥可少量多次地施肥,满足作物对养分的需求,防止一次大量施肥带来的危害和肥料损失。据研究,一般喷灌施肥可节约肥料 11%~29%,而滴灌施肥可节约用肥 44%~57%,同时还能节约大量用水。

(3)保护土壤结构 喷灌施肥可以减少施肥机械对土壤结构的破坏。

(4)节约施肥时间和劳力,降低成本 目前,喷灌施肥多用于大面积种植的大田作物,如小麦、玉米等,而滴灌施肥主要用于大棚蔬菜和果树,都有良好的增产、节肥和节水的综合效果。

最适用于灌溉施肥的是氮肥,其浓度范围一般在 0.2%~0.3%,尿素可达到 0.5%。由于磷肥在灌溉水中易起化学反应而产生沉淀,不仅降低了肥效,还会堵塞过滤器和喷管,因此磷肥不适用于灌溉施肥。此外,它也适用于钾肥和微量元素肥料。由于灌溉施肥需要有一定的设备,一次性投资费用较高,所以目前尚未得到普遍推广和应用。

58. 根系灌溉施肥技术主要有哪些?

根系灌溉施肥实际就是灌溉施肥技术,是借助于滴灌输入系统,根据枣树需肥要求,将肥液注入管道,随同灌溉水一起施入土壤。由于节水省肥,特别适合于缺水少雨的丘陵山区和沙漠土壤、盐碱地及经济效益高的花卉、枣树、蔬菜、保护地栽培等作物上应用推广。

随着我国水资源危机的日益加剧,我国北部、西北部地区绝大部分旱地枣园节水灌溉已成为果品生产中亟待解决的难题。广大旱地枣产区的枣农因地制宜地创造出许多节水省肥的施肥新技术,产生了极大的经济效益。

(1)管道滴灌施肥新技术 借助于滴灌管理系统,将化肥直接滴入枣树根际土壤。进入土壤的肥液,借助毛管力的作用湿润土壤,并直接被根系吸收,肥效高,省工节水。

滴灌系统由3部分组成。

①首部枢纽 由压力池(或水泵)、流量表、化肥罐、压力表、过滤器组成,自压滴灌必须修建压力池,机压滴灌必须由水泵加压。

②管路系统 一般分干管、支管和毛管3级。

③滴头 滴灌施肥时,依枣树根系吸收强弱、需肥特性及肥料种类而确定施用浓度。如钾肥浓度为2毫克/千克时,供肥后继续滴灌4~5小时,5天后钾可向下层土壤移动达80厘米,向四周移动150~180厘米。硝铵浓度1~2毫克/千克时,供肥后可向土壤下层移动100厘米左右,向四周移动达120厘米。

(2)简易滴灌施肥技术 塑料袋贮肥水器;由贮水袋(容水量30~50升不漏水的旧化肥塑料袋)、扎捆用的细铁丝、滴管(直径3毫米的塑料管)组成。每株树需3~5个贮水袋,每袋配备10~15厘米长的塑料滴管。

把塑料滴管短截成10~15厘米长的小段,其中一端剪成马蹄形,在马蹄形的端部留一约为高粱粒大小的小孔,其余部分用火烘烤黏合。把滴管的另一端插入塑料袋1.5~2厘米,然后用细铁丝扎紧固定。捆扎时要特别注意掌握好松紧度,过紧出水慢,过松出水快或漏水。出水量 2 升/小时左右。

在树冠外围投影处地面上挖 3～5 个等距离的坑,深 20 厘米左右,倾斜角 25°,宽依水袋大小而定。将制作好的水袋放入坑内,滴管所处位置要在贮水袋下方,放好后将滴管埋入 40 厘米深的土层中。这样,有利于水肥被根系吸收。为防止塑料袋老化,可在袋上覆草,或用薄土等物遮盖。

实践证明,采用塑料袋滴灌施肥的枣树,在需肥期滴灌 2 袋尿素水溶液(浓度为 0.3%～0.5%),叶绿素含量、坐果率均比滴灌不施尿素者高。

(3)简易渗透施肥技术 简易渗灌施肥技术是山东省沂蒙山区和山西省运城县、临猗县枣农根据当地的生产条件,在管道滴灌的基础上,改进的一种节水灌溉方法。

基本做法:地上部修建蓄水池,半径为 1.5 米,高 2 米,容水量为 13 吨左右。渗水管为直径 2 厘米的塑料管,每隔 40 厘米左右两侧及上方打 3 个针头大的小孔(孔径 1 毫米),渗水管埋入地下 40 厘米左右。行距 3 米的枣园,每行宜埋 1 条,行距 4 米以上的每行埋 2 条。每个渗水管上安装过滤网,以防堵塞管道。渗幅纵深为 90～100 厘米,横向 155 厘米。根据枣树长势需施肥时,可将化肥直接投入贮水池,也可先溶解过滤后再输入水道中,肥液随水流入根际土壤,直接被根系吸收,肥效高,节水省工。

渗灌也可利用枣树皿灌器(已获国内发明专利)。皿灌器是一种陶罐,可容水 20 升,将肥料投入罐内随水慢慢渗入根部土壤层。渗水半径为 100 厘米。注肥液 15 升,7 天渗完。此法对矫治枣树缺素症效果特别好。

(4)根系饲喂施肥技术 借助渗灌施肥的原理,在枣树缺乏某种微量元素,采用其他施肥方法难以奏效时所应用的急救措施。特别是对石灰性土壤枣树缺铁黄化病的矫治,效果特别明显。操作方法:早春枣树未萌芽前,将装有肥液的瓶子或塑料袋(内装

300～500毫升肥液,其浓度相当于叶面喷施适宜浓度),埋于距树干约1米处,将粗度约5.毫米的吸收根剪断,插入瓶或袋中,埋好即可。

根系饲喂法对枣树及其他果树矫治缺铁黄化病效果甚好,施用最佳期为枣树落叶后或翌年春季萌芽前。枣树生长期灌根时,必须严格掌握肥液浓度,以免产生肥害。

59. 施肥与枣果品质有什么关系?

在长期的生产过程中,枣果不断地从土壤中带走大量养分,土壤所供应的养分与枣树的需求之间产生矛盾,如果不及时补充,极易造成元素间供应不平衡,引发缺素症状,影响枣果的品质。如生产中普遍存在偏施氮肥的现象,大量施氮,造成枣果着色不良,养分积累少,风味不佳。因此,施肥对枣果的品质影响很大。在生产上,要把过去的产量效益型施肥变为今后的质量效益型施肥,大力提倡配方施肥和平衡施肥,稳定产量,提高品质,节支增收。

60. 枣树根外追肥有什么特点?

根外追肥是将可溶性肥料配成一定浓度的溶液,直接喷洒到枣树的叶片、枝条、果实上。归纳起来,根外追肥具有以下特点:

(1)避免养分流失 根外追施的肥料可直接供给枣树营养,通过树体的枝、叶、果实使树体及时迅速获得养分,特别是对于某些元素,如铁、锌、硼等,通过叶面喷施,避免水溶液中的有效养分被土壤固定,提高了养分的利用率。

(2)养分运转快,肥效高 枣树属中深根性植物,土壤施肥难以施到根系吸收部位,吸收慢,肥效差。而根外追肥用肥量小,见效快,肥效高。促进根系的生命活力,补充根系对某些营养元素吸收的不足 当土壤环境不良时,如土壤过酸、过碱,水分过多或严重干旱,以及根系衰老等引起根系吸收养分受阻,根外追肥可以弥补根系吸收的不足,有利于增强树体内各项代谢过程,促进根系的活力,提高根系的吸收能力。

(3)节约肥料,提高经济效益 叶面喷施氮、磷、钾肥及中、微量元素的用量较少,施肥成本低,肥料用量少,经济效益高。

(4)根外追肥具有一定的局限性 根外追肥受气候、肥料性质等因素的影响,只能作为土壤施肥的一种补充,不能代替土壤施肥。叶面喷肥以阴天时效果最好。溶解度大的肥料,如尿素、磷酸二氢钾等叶面喷施效果好。

61. 影响枣树根外吸收营养的因素有哪些?

(1)矿质养分的种类 肥料的种类和性质不同,进入树体内的快慢也不同。就氮肥而言,叶片吸收速率依次为:尿素>硝态氮>铵态氮;就钾肥而言,其顺序为:氯化钾>硝酸钾>磷酸钾;对磷肥来说,顺序为:磷酸氢二铵>磷酸二氢铵>磷酸钙,一般无机盐比有机盐类的吸收速率快。

(2)溶液的浓度 不论是矿质养分还是有机态养分,在一定范围内养分进入叶片的速率和数量随浓度的提高而增加。因此,在叶片不受肥害的前提下,适当提高肥液的浓度,可以提高叶面喷肥的肥效,但浓度过高会引起肥害。

(3)喷施时间 肥液在叶片上保持的时间在 0.5~1 小时之内,叶片对养分的吸收量较高。因此,应避免在高温的中午喷施,此时正是蒸发量大、气孔关闭的时间,不利于肥料的吸收。所以,傍晚无风天气最适宜叶面喷施。在进行叶面喷肥时,加入适量表面活性剂(如渗透剂、有机硅等),可降低肥液的表面张力,增强叶面对养分的吸着力,有利于提高养分的吸收率。

(4)喷施次数和部位 各种形态的养分在树体内移动性各不相同,其喷施次数和部位上应做适当调整。对移动性差的养分,应适当增加浓度和喷施次数,并注意喷施部位。因枣树叶片正面蜡质层较厚,不利于肥液的吸收,所以叶面喷施的主要部位应在叶片背面。

62. 什么情况枣树可根外追肥?

在枣园管理中,如出现下列情况时,可采用根外追肥:

(1)秋施基肥严重不足 此情况易造成翌年春季萌芽慢,春梢生长减缓时,可对全树喷施液肥,如春季喷施尿素、天达-2116植物细胞膜稳态剂,可防治芽期受冻,促进发芽。

(2)元素缺乏 当枣树出现生理性缺素症时,如缺乏钙、硼、锌、铁等微量元素,可喷布钙硼肥、硫酸锌、硫酸亚铁等叶面肥。

(3)吸收受阻 枣树根系遭受严重伤害或生长后期根系衰老,吸收功能减退时,可根外追肥。

(4)天气灾害 如遇到旱灾、涝灾、冷害、冰雹、病害等,通过根外追肥,增加树体营养,提高树体抗性,可促进树体快速恢复生长。

63. 枣树如何进行叶面喷肥?

叶面喷肥既可满足对营养元素的急需,又可避免某些元素在土壤中固定而不能吸收利用。叶片喷肥可与喷药相结合。在有喷灌设备的枣园,利用喷灌进行叶面喷肥更是经济有效的方法。

叶面喷肥主要以通过叶片上的气孔和角质层吸收营养,一般喷后15分钟至2小时即可被吸收利用。其吸收强度与叶龄、肥料成分及溶液有关。喷施尿素的浓度为0.3%～0.5%(1升水中加入尿素3～5克),磷酸二氢钾浓度为0.2%～0.3%。叶面喷肥又叫根外追肥,此法简单易行,用肥量小,发挥作用快。从叶片的吸收能力看,幼叶生理功能旺盛,气孔所占比例大,较老叶吸收快。叶片背面气孔多,且具有较松散的海绵组织,细胞间隙大,有利于渗透或吸收。操作时,应注意把叶片背面喷匀。叶面喷肥的最适温度为18℃～25℃,夏季喷肥最好在上午10时前和下午4时后进行,以免气温过高,溶液浓缩快,影响喷肥效果,甚至导致肥害的发生。

64. 枣树叶面喷肥应注意哪些问题?

叶面喷肥,可直接供给枣树养分,防止养分在土壤中的固定和转化。特别是一些易被土壤固定的元素如铁、锌、硼等,通过叶面喷肥,可减少土壤固定。但叶面喷肥必须注意以下几方面的问题:

一是叶面喷肥是经济、有效施用中微量元素的一种方式,对于氮、磷、钾常元素的补充,一般通过土壤施肥。而叶面喷肥仅作为解决某些缺素症的辅助手段,是枣树在生长中某一特殊阶段的需要,不能作为主要的补肥方式。因此,叶面喷肥不能过于频繁,应严格掌握喷施间隔期,即每 10～15 天 1 次。二是高温能使肥液变干,且引起叶片气孔关闭,不利于吸收,并常引起肥害。因此,喷叶面肥时,以清晨或傍晚为好,强光下不能喷施叶面肥。三是叶面喷肥是通过叶片背面气孔吸收养分的,因此喷肥时一定要将肥液喷到叶片背面。四是喷布微量元素肥(如锌、硼、铁)时,加入适量尿素可提高吸收速率和防止叶片出现的暂时黄化。五是喷施叶面肥加入适量植物生长调节剂有利于叶片吸收。叶面肥与农药混用时应注意农药和肥料的酸碱度,在不确定的情况下,最好到专业技术部门咨询后再施用。

65. 常见的有机肥料有哪些?

有机肥料是利用人畜粪便、禽粪、柴草、秸秆等有机物质就地取材,就地积存的肥料。有机肥料包括粪肥、土杂肥、堆肥、绿肥 4 种。

66. 化学肥料有哪些种类?

化学肥料又叫无机肥料,其特点是成分单一、养分含量高、肥效快。按所含养分种类的不同可分为氮肥、磷肥、钾肥和微量元素肥;按肥效快慢分为速效肥、缓效肥和迟效肥;按酸碱度可分为生理酸性肥料、生理中性肥料和生理碱性肥料;按化肥溶液的反应性质可分为化学酸性肥料、化学中性肥料和化学碱性肥料。

67. 什么是复合肥料?

复合肥料是含 2 种或 2 种以上元素,经化学方法合成的肥料,如磷酸二铵、硝酸磷肥、硝酸钾、磷酸二氢钾等。其优点是养分含量较高、分布均匀、杂质少;缺点是成分和养分含量一般是固定不变的。

68. 什么是混合肥料?

混合肥料是含两种或两种以上的化学肥料,用物理方法混成的肥料。混合肥料按其制作方法的不同,又可分为造粒型混合肥料和掺和肥料两种。

69. 如何鉴别化肥的质量?

化学肥料的质量,一般从以下 5 个方面进行鉴别:一是有效养分的含量,指肥料中能提供作物利用的养分含量,如氮磷钾复合肥,以含纯 N、P_2O_5、K_2O 的百分数来衡量。二是外形。品质好的化肥为白色或浅色,呈整齐的结晶或粉末状,分散性好,不结块。三是游离酸含量必须限制在一定的范围内。四是含水量。商品肥料应是干燥的,含水量越低越好。五是杂质。要严格控制肥料中的杂质。

70. 什么是微生物肥料? 微生物肥料有哪些特点?

微生物肥料是指含有微生物的特定产品,对于植物的发育和生长能起到肥料的作用,其肥效是由微生物的生命活动引起的,能提高土壤养分的有效性,并能促进植物的生长和改善农产品的品质。微生物肥料按微生物的种类划分,有根瘤菌、固氮菌、芽孢杆菌、光合细菌、纤维素分解菌、乳酸菌、酵母菌、放线菌和真菌等,其中以根瘤菌的研究最深入,应用最广泛。目前,我国生产上使用的菌种主要为根瘤菌、固氮菌、解磷菌、解钾菌、放线菌等。主要的微生物肥料品种有根瘤菌肥料、固氮菌肥料、解磷菌肥料、硅酸盐细菌肥料、放线菌细菌肥料等。

71. 什么是生理酸性肥料和生理碱性肥料?

当肥料施入土壤后能生成阳离子和阴离子两部分,由于植物吸收肥料中的阴、阳离子的数量不等,当吸收阳离子多于阴离子时,能使土壤酸化的肥料叫生理酸性肥料。如硫酸铵、氯化铵、硫酸钾、氯化钾等。当硝酸钠和硝酸钙这一类肥料施入土壤后,因植物吸收硝酸根离子的数量比钠和钙离子多,能使土壤反应呈碱性或弱碱性,这类肥料就叫生理碱性肥料。

72. 枣树叶片黄化的原因有哪些?

枣树叶片黄化的原因是多方面的,主要是由于树势衰弱造成的。一是因发生细菌性疮痂病、枣锈病、干腐病等病害,引发早期落叶,树体贮备营养不足,树势衰弱,导致叶片黄化;二是甲口愈合不好,树势较弱,水分、养分不足引起叶片黄化;三是地势低洼,积涝严重,叶片出现黄化;四是根部病害或施用化肥过量,造成肥害、烂根、死根,水分、营养供给不足导致黄叶;五是某些缺素症状,如缺铁、缺氮、缺磷、缺硫、缺铜、缺锌、缺锰等,都会造成叶片黄化。

(1)养分因素 是由于缺乏某种养分引起的生理性病害。如缺氮时,首先是下部的老叶发黄;缺铁时,上部的新叶发黄,逐渐呈黄白色,而老叶仍保持绿色。

(2)环境因素 是由于环境条件恶劣造成的叶片黄化。有以下几种可能:一是严重干旱,根系无法从土壤中得到水分和养分。

二是涝害、盐害,根系缺氮,吸收水分和养分困难。三是环剥过重,树势严重衰弱。四是病虫危害造成的。

治疗枣树叶片黄化先要对引起叶片黄化的原因进行分析诊断,然后对症下药。如因缺素症发生黄叶病时,应及时补充树体营养,但单独补一些铁、锌、磷等元素,枣树很难吸收。因此,一定要注意补肥方式。地下追肥,要选用腐熟好的农家肥或多元素有机无机复混肥,也可用氨基酸螯合肥进行灌根处理;叶面喷肥每隔15 天喷布 1 次 0.7% 花蕾宝或全营养氨基酸螯合肥,如氨基酸螯合 Fe、Ca、Zn、Mn、天达 2116 植物细胞膜稳态剂、枣树高级营养素等。

73. 枣树病害与营养有何关系?

合理施肥可以使树体得到充足的营养,健壮生长,最终实现优质丰产。但过量施用氮肥会使树体的抗逆性降低,病虫害严重。施用氮肥过多,常引起细胞增长过大,细胞壁变薄,汁液多,枝条柔软,易受病虫侵袭。尤其会诱发各种真菌病害。增施钾肥能提高树体的抗病性,特别是真菌和细菌病害的抗性。这是因为钾既能使细胞壁增厚,阻止或减少病原菌的入侵,又能促进树体内游离的氨基酸、单糖等低分子化合物转变为蛋白质、纤维素和淀粉等高分子物质。由于可溶性养分减少,可抑制病菌滋生。另外,营养缺乏特别是养分不平衡,同样会降低其抗病性,加重病害程度,从而导致减产。

74. 什么是肥料利用率?

肥料利用率是指植物吸收来自肥料的养分占所施肥料养分的百分数。即

利用率(%)=(吸收来自土壤和肥料中的养分量—对照区吸收来自土壤中的养分量)÷所施肥料中的养分量×100%

枣树根系分布较少较广,根系稀疏,可利用较大范围内的土壤养分,但由于在施肥时,不可能将肥料施在根系周围,在实际生产中,肥料的利用率是非常低的。要提高肥料利用率,应从两个方面入手,一是可局部养根,集中施肥,通过穴贮肥水、沟草养根、枣园生草、覆草等技术来实现;二是通过平衡施肥,施缓释肥,根据枣树不同生育期对各种养分的需求进行科学配方,可减少肥料损失,提高肥料利用率。

肥料利用率是一个变数,它受多种因素的影响,诸如土壤肥力水平、植物种类和品种、施肥量以及施肥方法等,对肥料利用率的影响很大。所以,肥料利用率是这些因素的综合反映。

75. 如何解决枣树根稀量少、养分利用率低的问题?

枣树为浅根性树种,根系分布较少较广,可以利用较大范围土壤空间的养分,但也为施肥带来困难。肥料难以均匀施在所有根系周围,而且枣树的根系密度小,使得根系对肥料的利用率极低。要提高枣树对养分的利用率,应从两个方面入手。一方面可局部养根,集中施肥,如穴贮肥水、沟肥养根、枣园覆盖。另一方面可通过平衡施肥,施缓释肥。根据枣树各个时期的需要进行科学合理的施肥,减少肥料损失,提高肥料的利用率。

76. 矿质元素与枣果品质有何关系?

枣果品质与矿质营养关系密切,这不仅表现在果实糖分、维生素等营养物质含量上,还表现在果实硬度、果型指数、着色和贮运期间生理病害等方面。锌与果实可溶性固形物呈极显著负相关;钙、钾与果实硬度、比重、耐贮级次及风味级次呈极显著的正相关,而锰、铜正好相反。钙在提高果实采后的贮藏性、防止后期裂果、延长货架期等方面意义重大,钙处理可抑制果实内多聚半乳糖醛酸酶(PG)的表达和果实成熟进程,能维持较高的硬度,延长货架期;还能降低果实的呼吸强度,延缓吸收峰的出现并减小呼吸峰,抑制乙烯的产生,延迟果实的后熟过程;钙抑制果实后熟衰老还与活性氧代谢有关,它能间接减少或消除果肉细胞中的自由基(主要是氧自由基),对质膜起保护作用。矿质元素间的比例关系比其含量对果实品质的影响更重要,因为不仅元素间存在着相互促进或拮抗的关系,而且果实中养分的积累是受多元素影响。果实中的 $Ca/K+Mg$ 和 Ca/N 能更好地反映钙对果实硬度的影响,其值越大,硬度也越大。

十、枣园灌溉

1. 枣树遇到干旱时可能会出现什么症状？如何防止干旱？

枣树抗旱能力相对是比较强的,俗名"铁杆庄稼",但若长期干旱,满足不了枣树生长发育最低水分所需,将严重影响枣树生长发育和结果。枣树出现干旱时,常表现如下症状:

(1)生长发育停止 由于根系长期吸收不到水分来供应地上部分生长发育所需,导致蒸腾作用大于吸收作用,使树木内水分平衡失调,造成枣树生长发育缓慢或停止,加速枣树衰老。尤其是对苗圃育苗和新发展的幼龄树,如长期得不到水分,往往造成苗木和幼龄树整株干枯。

(2)落叶、焦花、落果 在枣树生长季节若干旱无雨,枣树叶片卷曲,进而泛黄、脱落;花期干旱,焦花、无蜜,坐果率极低;幼果期干旱,导致幼果发软、皱缩、失水脱落。

(3)抗病虫能力下降 长期干旱导致树体衰弱,抗病虫能力下降。如长期干旱往往导致枣壁虱、红蜘蛛暴发成灾,焦叶病流行等。

具体防治措施:建园时,注意灌溉系统的建设,干旱时要及时浇水,补充水分。加强枣园管理,进行中耕除草、树盘覆盖等措施,保持土壤水分。枣园喷水,提高空气湿度,减少水分蒸发,缓解部分干旱。

2. 枣园为何要灌溉？

灌溉是保证枣树高产稳产不可缺少的栽培管理措施,必须重视枣树主要生长时期的灌溉和排水工作。枣树生长结果的最佳土壤含水量为田间最大持水量的 60％～70％,相当于黏壤土含水量为 16％～20％,砂壤土含水量 14％～18％。土壤水分不足,营养生长减弱,坐果不良。在壤质土上多数品种花期土壤含水量低于12％时很少坐果,土壤含水量降到 3.1％～4.2％,全树叶片就会萎蔫。灌溉一般配合施肥进行,遇到旱情需单独灌溉。

3. 枣树浇水方法有哪些? 如何进行枣园节水灌溉?

(1)树盘浇水 在树干周围做埝,然后浇水。

(2)分区浇水 将几株或十几株树盘连成一个区,整个枣园可分成若干个小区,引水入园后,小区依次浇水。

(3)穴灌或开沟浇水 穴灌和开沟浇水是山坡、旱地枣园的一种节约用水好方法,在冠外围挖几个深 20～50 厘米、宽约 30 厘米的洞穴或挖几个小沟,将水引入。在水源不足、采用人工担水时,常运用此法。

(4)喷灌或滴灌 喷灌和滴灌是近几年新兴起的一种灌溉方法。滴灌能节水 90％～95％,土壤湿润适度,利于根系活动,但投资较高。近年来,为了更有效地利用水资源,又涌现出一些节水灌溉的新方法:

①雾灌 比喷灌更节能,比滴灌抗堵塞,供水快,适应性强。

②打孔覆草法 在树冠投影外缘打 2～4 个直径 20 厘米、深30 厘米的孔,内用杂草(或秸秆)填实,将肥水从孔口灌入,孔的位置每年更换 1 次,此法投资少,效果好,易推广。

③地下陶管定位渗灌 特点是灌溉水与大气相隔,供水缓慢,大大减少水分蒸发和淋失,节水效果明显,可以结合追肥,肥水同灌,投资低于喷灌、滴灌。

④润灌(皿灌) 将一些未上釉的陶土罐或花盆埋置于枣园土壤中,注满水后,水可以通过罐壁慢慢渗入土中,这在水贵如油的

极干旱地区是一种较理想的简易节水灌溉方式。

⑤土壤保水剂　施用土壤保水剂是近年新兴起的一种节水灌溉方法,土壤保水剂是一种吸水保水力很强的高分子颗粒,它能高效地吸水保水,逐渐地释放水分,以供树体生长发育所需。

总之,浇水方法应掌握充分利用当地水源,节约用水,减少土壤冲刷,省工效果好的原则,合理运用。

4. "旱枣涝梨"是什么意思?

我国有句谚语叫"旱枣涝梨",意思是说干旱年份枣树丰产,收成好,雨水大的年份梨树产量高,而枣树收成低。这说明枣树抗旱性强,需水量少,而梨果发育需要较多的水分。雨水大的年份枣收成不好的原因主要有 3 个:一是在花期遇连阴雨,影响授粉受精,降低坐果率。二是在果实临近成熟期遇雨会导致大量裂果,引起浆烂。三是在采后遇连阴雨天,枣制干品种无法晾晒,时间一长引起霉烂,导致丰产不丰收。因此,在生产中应注意发展抗裂品种,研究能大批量干制红枣的新技术,以减少雨水大年份枣的损失。

5. 涝害对枣树有何影响? 如何防止涝害?

水分是植物体的基本组成部分,直接参与植物体内各种物质的合成和转化,也是维持细胞膨压,溶解土中矿质营养,平衡树体温度不可代替的因子。枣树是耐涝的树种,但水分过多,对枣生长发育将产生不良影响。枣园出现涝害,常表现以下症状:

(1)树体未老先衰,形成"小老树"　水分过多,日照不足,光合作用效率显著降低,影响核糖核酸的代谢;同时根部因积水,氧气含量降低,生长缓慢或停止。

(2)叶片脱落,树体枯死　枣树若被水淹时间过久,由于氧气的减少,抑制了根系的呼吸作用,首先枝叶加速生长,体内含水量猛增,进而叶片黄化,而后枯萎脱落,根系腐烂,树冠部分枝条枯死乃至全树枯死。

(3)落花、落果,影响产量 花期若雨水过多,光照不足,气温偏低,枣树坐果率也低。同时,光合作用降低,养分供应不足,落花、落果严重,直接影响红枣产量。

(4)枣果霉烂,影响质量 枣果近成熟时或采收后,若遇雨水过大可导致枣裂果或霉烂病的发生,使大批枣果浆烂,不堪食用,严重影响其质量和效益的发挥。

综合防治措施:建园时要选好园地。若在低洼易涝和水位高的地区建园,要注意排水设施的建设。枣树受雨害后要加强管理,追施有机肥料,以便恢复树势。成熟期或采收后多雨,应抓住时机及时喷施生石灰以防裂果的发生。制干品种采收后,要注意及时烘枣或氽枣,以防霉烂。

十一、枣树整形修剪

1. 整形修剪对枣树生长发育有什么意义?

整形修剪是枣树栽培过程中一项重要的技术措施。枣树是喜光性很强的树种,对光照反应敏感,冠内稍有郁闭,光合产量就会减少,结果能力即明显下降。通过整形修剪,形成一定的树型,建立牢固的骨架和合理的树体结构,就能充分利用空间和光能,为丰产、稳产、优质奠定良好的基础。在整形的基础上,根据生长结果的需要,利用各种修剪技术,促进或抑制枝条的生长发育,调节营养生长与生殖生长的矛盾,维持生长与结果的平衡关系,可达到促进幼树生长,调节树体生长势,延长树体盛果期年限,实现高产、稳产、优质的目的。

2. 枣树整形修剪的依据是什么?

枣树整形修剪的原则和其他果树一样,应做到"因地制宜、因树修剪;有形不死,无形不乱"。依据当地的自然条件和生产需求,统筹兼顾,从解决主要矛盾出发,制订丰产、优质、低耗的修剪指标。

枣树整形修剪必须依据当地自然条件、品种生长结果特点、栽培方式和经济技术条件而定。

(1)自然条件 在不同的自然条件下,枣树常表现出不同的生长发育特点,修剪方法也就不同。

(2)品种特点 枣树品种间差异较大,因此应依据枣树的生长结果特性制定修剪方案。如树性直立的,修剪时应以开张骨干枝角度为主;枝性易下垂的,修剪时应抬高角度;成枝力低的要适当短截,成枝力高的则多疏少截。

(3)**栽培方式** 不同的栽培方式,枣树个体和群体间均表现出不同的生长结果习性,修剪方法也不同。

(4)**经济技术条件** 经济技术较好的要进行精细修剪,以便实现早期优质丰产;经济技术较差的应简化修剪。

3. 枣树的整形修剪有哪些特点?

不存在花芽留量的问题;不存在结果枝和结果母枝的修剪问题;结果枝系(结果枝组)容易培养和更新;营养生长和生殖生长的矛盾易控制;促发发育枝需要进行强烈的外界刺激才能获得;总体修剪量小,简单易行。

4. 枣树整形修剪有何发展趋势?

随着人们对枣树早期丰产性的要求越来越高,枣树修剪更注重精细化、全年化。树冠由大变小,骨干枝由多变少,树形从自然树形走向规范树形;修剪从放任不剪或简单修剪到精细修剪,树体结构更加合理;修剪时期从注重冬季修剪到冬季休眠期修剪、夏季生长期修剪相结合或全年修剪的转变。

5. 枣树主要有哪些树形? 丰产树形有什么特点?

枣树常用树形有小冠疏层形、主干疏层形、开心形和自由纺锤形。丰产树形特点是:低干矮冠。低干有利于地上地下物质的运转,因而树势健壮,成形快,结果早,易丰产,且便于生产管理;骨干枝少,层次分明,冠内通风透光好;结果枝组配备合理。

6. 枣树修剪方法有哪些?

常用的修剪方法有疏枝、短截、回缩、摘心、缓放、抹芽、拉枝和除根蘖等。

7. 枣树修剪分几个时期?

枣树修剪分为冬季修剪和夏季修剪。

(1)冬季修剪 从落叶后到发芽前均可进行。北方地区冬季干寒多风,为避免剪口风干影响剪口芽萌发,剪口应该距离剪口芽1~2厘米,粗大锯口应涂抹食用油或封蜡,以防止伤口干裂影响愈合。为减轻因剪口干裂影响剪口芽萌发,沾化枣区常于翌春3月上旬至4月上旬进行冬剪,但修剪不宜过晚,否则会影响当年抽生枣头,而且发育较弱。

(2)夏季修剪 枣树发育枝萌发时间不一致,5~7月份应进行多次修剪。5~6月份为发育枝萌发生长高峰季节,应特别注意此期的修剪工作,因此时正值枣树盛花期,大量新生枣头相继萌发,要根据树形结构要求和空间大小调节营养消耗,采用抹芽或摘心等方法进行处理。但摘心时间不宜过早,如果过早,短截的枣头会再度萌发生长,增加营养消耗,影响坐果;过晚则会出现大量新枣头,加剧营养生长与生殖生长的矛盾,使落花、落果现象加剧,最终影响产量。这是由于新枣头的叶片较薄,光合能力较低,呼吸作用旺盛,营养消耗大于积累所致。因此,要准确把握好夏剪时间,既不要过早,又不宜过迟。

8. 常用的夏季修剪方法有哪些?

夏季修剪的主要方法有:拉枝、疏枝、摘心、抹芽、环剥、环切、缓放、绑扶和刨除根蘖等。

9. 枣树栽植后应怎样定干?

定干方法主要有两种,即清干法和主枝定位法两种。

(1)清干法 是对新栽的粗壮苗按照定干高度要求直接定干。这种方法要求苗木直径在1厘米以上为好,定干后把干上所有的枝剪除,促发枣头枝并培养成主枝。此法在肥水条件较好的密植栽培中广泛应用。

(2)主枝定位法 是根据栽植密度将苗木截成 80~100 厘米高后,再按照所培养树形结构的要求,选留 3 个方向好、枝条充实的二次枝,保留 1~2 个芽短截,其余二次枝不疏不截。剪口下的枣股萌发后形成比较旺盛的枣头,可培养成主枝。

10. 枣树幼龄期应如何修剪?

幼树从定植至 5 年生,特点是生长旺,直立性强,枝叶量少。修剪的目的是促进适宜树形的形成。按照轻剪多留的修剪原则,通过撑、拉、坠等方法开张主枝角度,轻截少疏,使幼龄期间的树体拥有尽可能多的枝叶量,快长树,扩大树冠,形成树形,为幼龄树早果、丰产创造条件。通过刻芽、重截发育枝、夏季摘心等修剪方法,选留培养好各级骨干枝,充分占据空间,合理安排好结果枝组。枣树幼树期抽生发育枝数量较少,单枝生长量大,修剪时要少疏多留。对生长过旺、角度不开张的发育枝,采用摘心、拉枝等方法,控制过旺生长枝和开张角度,使其尽快转化为结果枝组。在修剪时间上应以夏剪为主,冬季修剪为辅。通过整形修剪,达到树型基本成形,树冠达到一定的大小,冠幅达到一定的面积,逐渐进入结果期。

11. 怎样培养枣树骨干枝?

(1)修剪调节自然萌生的发育枝 幼龄期树干上处于休眠状态的侧芽,有随枝龄增长陆续萌生发育枝的习性,在生长势强的树上,2~3 年生部位都能长出强壮的发育枝,选作骨干枝培养。夏季用撑、拉、别等方法,调整延伸方向和开张角度培养成理想的主侧枝。翌年春季,再次萌生的发育枝继续延长生长,扩大树冠。

(2)夏季摘心、冬季疏剪二次枝 7~8 月份发育枝的生长后期,对主、侧枝延长枝需要分生侧生骨干枝或结果枝组的部位摘心或短截,促进剪口下部的侧芽发育充实;冬季修剪时,再剪去剪口下2～3个二次枝,促使2个侧芽春季萌发,分别长成原枝的延长枝和侧生分枝。夏季摘心要适时,不能过重过早,以免剪口芽当年萌发,长成弱枝,达不到预期目的。

(3)重剪发育枝 对枝长超过1～1.5米的主、侧枝,冬剪时可在1年生发育枝中部饱满芽处重截或回缩到多年生枝的适当部位,同时对剪口下的二次枝采取疏除或留1～2节重截处理,促使剪口芽和重截的二次枝春季抽生发育枝,作侧枝和结果枝组培养。

(4)通过刻芽刺激休眠芽抽生发育枝,填补缺枝空位 刻芽在春季树液流动后到萌发期进行,先在缺枝部位选择较饱满的芽,剪除其近旁的2次枝,再在芽上1厘米处横切1个伤口,深达木质部,长度超过芽体两侧各0.5厘米、宽0.3厘米。刻芽的枝条应达到一定的粗度,被刻枝条的直径应在2.5厘米以上,细枝刻芽萌发抽枝效果不佳。

12. 结果期枣树应如何修剪?

枣树树冠基本形成后长势逐渐减弱,开始进入结果期。枣树结果期修剪的目的,主要是保持树冠通风透光的结构,有适当的枝叶密度,使每个结果枝组维持较长的结果年限,全树保持多数壮龄枝组,并有计划地更新复壮,做到树老枝不老,长期维持较高的结果能力。

(1)清除徒长枝 由隐芽萌发抽生的发育枝,容易干扰树体的枝系结构和布局,光照恶化,易使壮龄结果枝系提前衰亡,造成产量下降。因此,对这些徒长性发育枝在发芽后及早抹除。如空间较大,可改造培养为结果枝系,加以利用。

(2)疏截细弱枝和过密枝 对不能形成良好的结果枝组的细弱发育枝和交叉枝,在冬剪时及时疏除,集中养分以利于全树结果。对结果下垂过密的枝系,通过疏截为主要结果枝组让路。尽量多保留壮龄期的枝组,保持高产水平。

(3)更新结果枝组 结果母枝能连续结果,从结果枝组的形成到衰亡,要经过幼龄期、壮龄期和老龄期3个阶段,以壮龄期的结果母枝抽生的结果枝最多,结果能力最强,幼龄期和衰老期的结果母枝抽生的结果枝结果能力较低。对于衰老的结果枝组必须及时更新,使全株的壮龄期结果母枝维持在全部结果母枝总量的80%左右,以保证产量稳定。结果枝组的更新方法为:每年在树冠空枝部位或枝组老化部位选留2~3个新生枣头,不抹芽、不摘心,直到长至所需长度,再摘心控制。

13. 怎样才能控制幼龄枣树生长过旺?

对于生长过旺的幼龄枣树,除适量施肥、适度断根外,修剪管理可采用发芽后抹芽、摘心、拉枝,花期环剥,喷赤霉素和微肥等,冬剪顶芽,抑制发育枝过旺生长,使养分运转分配有利于开花结果,从而提高全树产量。

14. 衰老期枣树怎样修剪?

盛果后期的枣树,树冠内死亡的二次枝增多,骨干枝开始衰老,更新枝陆续出现。此时,应注意选好更新枝的位置,待更新枝长到一定粗度时,即回缩骨干枝,剪除下垂衰老枝,抬高骨干枝角度,以增强树势,使产量得以恢复。

15. 密植枣园整形修剪的特点有哪些?

(1)树形小冠化,树体结构简单化 密植枣园由于密度大,留给单株的空间变小。因此,树形上不可能像稀植枣园一样采用体积大、骨干级次高的大、中冠树形,而是采用小冠树形,简化了树体结构,并使树形趋于扁平。

(2)夏季修剪更重要 与稀植园相比,密植园树形要求更加规范,而树形的培养和结果枝组的培养更依赖于生长期的修剪。抹芽、刻伤、拉枝、摘心、疏枝等修剪方法,成为密植园修剪的主要手段,而休眠期修剪的任务相对减少。

(3)摘心、拉枝、环剥等夏季修剪措施应用更加广泛 密植园树体矮小,营养集中且运输畅通,前期往往表现营养生长旺盛。因此,除利用摘心等控制营养生长外,早期利用环剥促进坐果,以果压冠。由于幼树主干较细,结果初期多环剥或环切主枝,且保留部分抚养枝,等主干粗壮后再环剥主干。

(4)疏枝比较多 密植枣园容易出现郁闭现象,及时疏除内膛过密枝是枣园管理的一项重要内容。同时,严格控制延长枝的生长,及时落头开心,保持一定的树冠体积和枝量,是实现丰产稳产的保障。

十二、安全生产

1. 什么是"绿色壁垒"?

进入 21 世纪,国际市场更加一体化,尤其是我国加入世界贸易组织后,国家关税和配额对农产品进口的调配作用越来越小,而且国际市场更加关注农产品的生产环境、种植方式和内在质量。另外,由于一些发展中国家或地区经济的腾飞,在诸多领域已经成为发达国家激烈竞争的对手。为了摆脱竞争,某些发达国家利用世界日益高涨的绿色浪潮,筑起非关税的"绿色壁垒",限制或禁止外国商品的进口,以达到其贸易保护主义的目的。所谓"绿色壁垒",又称"环境壁垒",它是指一种以保护生态环境自然资源和人类健康为借口的贸易保护主义措施。设置绿色壁垒的方式主要是制定较高的绿色标准,并严格执行,以阻止国外商品进口。

2. 什么是"可持续发展农业"?

1987 年在日本东京召开的世界环境与发展委员会第八次会议通过《我们共同的未来》报告,第一次提出"可持续发展"的明确定义是"在满足当代人需要的同时,不损害后代人满足其自身需要的能力"。可持续发展农业,是指采取某种合理使用和维护自然资源的方式,实行技术变革和机制性改革,以确保当代人类及其后代对农产品需求可以持续发展的农业系统。按可持续发展农业的要求,今后农业和农村发展必须达到的基本目标是:确保食物安全,增加农村就业和收入,根除贫困;保护自然资源和环境。

3. 什么是无公害果品？发展无公害果品有何意义？

无公害果品是指符合国家无公害食品标准的果品。其质量标准一是安全。不含对人体有毒、有害物质，或者将有害物质控制在安全标准以内，对人体健康不产生任何危害。二是卫生。农药残留、硝酸盐含量、废水废气、废渣等有害物质不超标。生产中禁用高毒农药，合理使用化肥。三是优质。内在品质高，营养成分高。

目前，绿色食品、有机食品、生态食品、自然食品的生产和贸易发展十分迅速，市场容量也在迅速扩大，发展无公害食品已经显示出广阔的前景。随着经济收入水平和生活质量的提高，人们对食品的安全、保健、营养问题越来越讲究，追求"无公害"的"放心"食品，安全优质的绿色食品日益受到消费者的欢迎。特别是加入世界贸易组织后对我国农产品生产和贸易产生深刻的影响，发展无公害果品将有助于提高我国果品的市场竞争力。许多不占比较优势的农产品面临从根本上提高质量、降低成本、增强竞争力的严峻挑战。发展无公害产品，将有利于促进标准化建设，提高农产品质量，扩大产品出口。

发展无公害果品的意义在于：无公害果品生产是世界果品业的发展方向，是保护环境和发展经济相协调的有效途径，是果品业可持续发展的需要；是改变传统生产方式对自然资源的掠夺开发和生态环境日益恶化的必然选择；有助于推动果品业产业化进程。它是一项系统工程，实行产前、产中、产后全程质量控制，有利于果品的市场化和集约化，形成"市场引导龙头企业，龙头企业带动农户"的产业一体化格局，逐渐改变果品业劣质低效的状况；发展无公害果品生产是提高果品业整体效益的有效途径，可实现生态效益、社会效益、经济效益的有机统一，是农民实现生态文明生产，脱贫致富奔小康的有效手段；有利于推动农业科技进步，促进科研成果转化为生产力；是突破"绿色壁垒"参与国际竞争的需要。所以，发展无公害果品生产是必要的,其市场前景是非常广阔的。

4. 怎样实现果品的无公害生产?

首先,要对果品生产基地进行环境评价,按照无公害果品基地环境评价标准和要求对果品产地的大气、土壤和水进行检测,检测合格,视为该区域可进行无公害果品生产。一般要求无公害果品生产基地要远离公路、医院、工矿企业和生活垃圾点等污染源。其次,在生产中,严格按照无公害果品生产技术操作规程进行管理,要求所使用的农业投入品(肥料和农药)必须是无公害的并按照其允许使用次数、时间和数量来安排生产。第三,在果品采收前,按照无公害果品质量要求,取果品样品到有资质的主管部门进行农药和重金属含量检验,检验合格后,即发放无公害果品标志,方可按无公害果品上市交易。

无公害果品管理是比较严格的,包括各种检测和无公害标志的使用,都实行产地追踪,不得滥用冒用,否则将取消其无公害标志使用权,并追究有关人员责任。

5. 影响农药药效的主要因素有哪些?

防治效果是农药在一定环境条件下,对某一防治对象综合作用的结果。影响农药药效的因素主要有以下 3 个:

(1)农药本身因素 农药的化学成分、理化性质、作用机制、使用剂量以及加工性状都直接或间接地影响药效。例如,速灭杀丁对许多鳞翅目害虫有效,但对螨类无效;每 667 平方米用 20 毫升和 40 毫升防治鳞翅目害虫的效果会有较大差异。要根据防治对象、作物种类和使用时期,选择合适的农药品种、剂型和使用剂量,是提高药物防治效果的重要条件。

(2)防治对象因素 不同病虫害的生活习性有差异,即使是同一种病害或害虫,由于所处的发育阶段不同,对不同农药或同类农药的反应也不一样,防治效果会表现出差异。例如,盖草能对大多数禾本科杂草有效,对阔叶类杂草无效。

(3)环境因素 温度、湿度、雨水、光照、风和土壤性质等环境因素,直接影响着病虫害的生理活动和农药性能的发挥,都会影响农药的药效。例如,除草剂乙草胺、氟乐灵和拉索等,同样的使用剂量,干旱时除草效果差,在适宜的土壤湿度条件下,除草效果好;砂土地上使用,效果显著高于在有机质含量高的土壤。辛硫磷见光易分解失效,必须在避光条件下,才能保持较长时间的药效。因此,在使用农药前,必须掌握其性能特点、防治对象的生物学特性;在施用过程中,充分利用一切有利因素,控制不利因素,以求达到最佳防治效果。

6. 什么是绿色果品?

绿色果品是无污染、安全、优质、卫生、有营养果品的统称。绿色果品又分为 A 级及 AA 级,标准与无公害相近,只是对环境要求比无公害更为严格。如大气必须符合大气环境质量标准一级标准,水质必须符合农田灌溉水质标准中的一、二级标准,土壤中的六六六、DDT 含量不能高于 0.1 毫克/千克。A 级绿色果品允许有选择地限量使用一些安全性的农药、化肥和植物生长调节剂等;而 AA 级绿色果品不允许使用任何人工合成的化肥、农药和植物生长调节剂等。

7. 绿色食品与普通食品相比有什么显著特点?

(1)强调产品出自良好生态环境 绿色食品生产从原料产地的生态环境入手,通过对原料产地及其周围的生态环境因子严格监测,判定其是否具备生产绿色食品的基础条件。

(2)对产品实行全程质量控制 绿色食品生产实施"从土地到餐桌"的全程质量控制。通过产前环节的环境监测和原料检测,产中环节具体生产、加工操作规程的落实,以及产后环节产品质量、卫生指标、包装、保鲜、运输、贮藏和销售控制,确保绿色食品的整体产品质量。

(3)对产品依法实行统一的标志与管理 绿色食品标志是一个质量证明商标,属知识产权范畴,受《中华人民共和国商标法》保护。

8. 绿色食品标准体系有哪些内容?

绿色食品标准以全程质量控制为核心,由以下几个部分构成:绿色食品产地环境质量标准、绿色食品生产技术标准、绿色食品产品标准、绿色食品包装标签标准和其他相关标准。这些标准对绿色食品产前、产中和产后全过程质量控制技术和指标做了全面的规定,构成了一个科学、完整的标准体系。

(1)绿色食品产地环境质量标准 绿色食品产地的生态环境质量标准是指:农业初级产品或食品的主要原料,其生长区域无工业企业的直接污染;水域上游、上风口无污染源对该地区构成污染威胁;该区域的大气、土壤质量及灌溉用水、养殖用水质量均符合绿色食品大气标准、绿色食品土壤标准、绿色食品水质标准,并有一套具体的保证措施。制定这项标准的目的,一是强调绿色食品必须产自良好的生态环境地域,以保证绿色食品最终产品的无污染及安全性;二是促进对绿色食品产地环境的保护和改善。

绿色食品产地环境质量标准规定了产地的空气质量标准、农田灌溉水质标准、渔业水质标准、畜禽养殖用水标准和土壤环境质量标准的各项指标以及浓度限值、监测和评价方法,提出了绿色食品产地土壤肥力分级和土壤质量综合评价方法。

①AA级绿色食品环境质量标准 绿色食品大气环境质量评价,采用国家大气环境质量标准 GB 3095-82 中所列的一级标准;农田灌溉用水评价,采用国家农田灌溉水质标准 GB5084-92;养殖

用水评价采用国家渔业水质标准 GB 11607-89；加工用水评价采用生活饮用水质标准 GB 5749-85；畜禽饮用水评价采用国家地面水质标准 GB 3838-88 中所列三类标准；土壤评价采用该土壤类型背景值的算术平均值加 2 倍标准差。

②A 级绿色食品环境质量标准　A 级绿色食品的环境质量评价标准与 AA 级绿色食品相同，但其评价方法采用综合污染指数法，绿色食品产地的大气、土壤和水等各项环境监测指标的综合污染指数均不得超过 1。

(2)绿色食品生产技术标准　绿色食品生产技术标准是绿色食品标准体系的核心，包括绿色食品生产资料使用准则和绿色食品生产技术操作规程两部分。

绿色食品生产资料使用准则是对生产绿色食品过程中物质投入的一个原则性规定，它包括生产绿色食品的农药、肥料、食品添加剂、饲料添加剂、兽药和水产养殖药的使用准则，对允许、限制和禁止使用的生产资料及其使用方法、使用剂量、使用次数等做出了明确规定。

绿色食品生产技术操作规程是以上述准则为依据，按作物种类、畜禽种类和不同农业区域的生产特性分别制定的，用于指导绿色食品生产活动，规范绿色食品生产的技术规定，包括农产品种植、畜禽饲养、水产养殖和食品加工等技术操作规程。

AA 级绿色食品在生产过程中禁止使用任何有害化学合成肥料、化学农药及化学合成食品添加剂。其评价标准采用《生产绿色食品的农药使用准则》、《生产绿色食品的肥料使用准则》及有关地区的《绿色食品生产操作规程》的相应条款。

A 级绿色食品在生产过程中允许限量使用限定的化学合成物质，其评价标准采用《生产绿色食品的农药使用标准》、《生产绿色食品的肥料使用标准》及有关地区的《绿色食品生产操作规程》相应条款。

(3)绿色食品产品标准 该标准是衡量绿色食品最终产品质量的指标尺度,是参照国际、国家、部门行业标准制定的,规定了食品的外观品质、营养品质和卫生品质等内容,其卫生品质要求高于国家现行标准,主要表现在对农药残留和重金属的检测项目种类多、指标严等。绿色食品产品标准反映了绿色食品生产、管理和质量控制的先进水平,突出了绿色食品产品无污染、安全的卫生品质。

绿色食品产品标准包括质量和卫生标准两部分,其中卫生标准包括农药残留、有害重金属污染和有害微生物污染的限量。AA 级绿色食品中各种化学合成农药及合成食品添加剂均不得检出,其他指标应达到农业部 A 级绿色食品产品行业标准(NY/T 268-95 至 NY/T 292-95)。A 级绿色食品采用农业部 A 级绿色食品产品行业标准(NY/T 268-95 至 NY/T 292-95)。

①原料要求 绿色食品的主要原料来自绿色食品产地,即经过绿色食品环境监测证明符合绿色食品环境质量标准、按照绿色食品生产操作规程生产出来的产品。对于某些进口原料,无法进行原料产地环境检测的,经中国绿色食品发展中心指定的食品监测中心按照绿色食品标准进行检验,符合标准的产品才能作为绿色食品加工原料。

②感官要求 感官要求包括外形、色泽、气味、口感、质地等,是食品给予用户或消费者的第一感觉,是绿色食品优质性的最直观体现。绿色食品感官标准有定性、半定量、定量标准,其要求严于非绿色食品。

③理化要求 理化要求是包括绿色食品应有的成分指标,如蛋白质、脂肪、糖类、维生素等;同时它还包括不应有的成分指标,如汞、铬、砷、铅、镉等重金属和六六六、DDT 等国家禁用的农药残留,要求与国外先进标准或国际标准接轨。

④微生物学要求 绿色食品产品的微生物学特征必须保持,

如活性酵母、乳酸菌等,这是产品质量的基础。而微生物污染指标必须相当或严于国标的限定,如菌落总数、大肠菌群、致病菌、粪便大肠杆菌、霉菌等。

(4)绿色食品包装与标签标准 该标准规定了进行绿色食品产品包装时应遵循的原则,包括包装材料选用的范围、种类,包装上的标识内容等。

①绿色食品的包装标准 AA级绿色食品包装评价采用有关包装材料的国家标准、国家食品标签通用标准(GB 7718-94)、农业部发布的《绿色食品标志设计标准手册》及其他有关规定。绿色食品标志与标准字体为绿色,底色为白色。

A级绿色食品包装评价采用有关包装材料的国家标准、国家食品标签通用标准(GB 7718-94)及农业部发布的《绿色食品标志设计标准手册》及其他有关规定。绿色食品标志与标准字体为白色,底色为绿色。

②绿色食品标签标准 绿色食品产品标签,除符合国家《食品标签通用标准》要求外,还应符合《中国绿色食品商标标志设计使用规范手册》要求。凡取得绿色食品标志使用资格的单位,应严格按照手册要求将绿色食品标志用于产品的标签上。该手册对绿色食品标准图形、标准字型、图形与字体的规范组合、标准色、编号规范等均做了严格规定。

(5)绿色食品其他标准 绿色食品其他标准主要包括绿色食品贮藏、运输标准,绿色食品生产资料认定标准,绿色食品生产基地认定标准等,是促进绿色食品质量控制管理的辅助标准。

9. 对绿色无公害食品的认识需要澄清哪几个问题?

第一,绿色无公害食品未必都是绿颜色的,绿颜色的也未必是绿色无公害食品。

第二,无污染是一个相对的概念,某种有害物质只有达到一定的量才会造成污染,只要有害物质含量控制在标准规定范围之内,就可能成为绿色无公害食品。也不是无污染的食品都是绿色无公害食品,还要考察其生产方式是否符合环保要求。

第三,并不是只有偏远、无污染的地区才能从事绿色无公害食品生产。在城郊,只要环境中的污染物不超过规定标准范围,也能从事绿色无公害食品生产。

第四,并不是偏远山区没受人类活动浸染所生产出来的食品一定是无公害产品,有时这些地区大气、土壤、水源可能含有天然的有害物质。

第五,并不是不用化肥、农药生产出的产品就一定是绿色无公害食品,绿色无公害食品生产重在建立可持续发展的体系。

第六,野生、天然的食品不一定就是绿色无公害食品,有时其在生长过程中有可能受到污染,要经专门机构论证才能确定。

第七,认识理解绿色无公害食品,应将环境、产品、生产方式和标志管理 4 个方面结合起来。

10. 什么是有机果品?

有机果品比 AA 级绿色果品的质量要求更加严格。除上述 AA 级标准外,还不允许使用基因工程技术,土地从生产其他果品转到生产有机果品,需 2～3 年的转换期。

有机果品是根据有机农业原则和有机果品生产方式及标准生产、加工出来的,并通过有机食品认证机构认证的果品。有机农业的原则是,在农业能量的封闭循环状态下生产,全部过程都利用农业资源,而不是利用农业以外的资源(化肥、农药、植物生长调节剂和添加剂等)影响和改变农业的能量循环。有机农业生产方式是利用动物、植物、微生物和土壤 4 种生产因素的有效循环,不打破生物循环链的生产方式。有机果品是纯天然、无污染、安全营养的食品,也可称为"生态食品"。

11. 如何提升三农生态有机食品品牌?

有关企业应积极申请国际权威认证机构认证;积极加强与高校、科研院所及科技企业间技术交流与合作;努力争取各级政府的大力支持;积极组建一支充满智慧、合作及创新精神的学习型的人才团队;尽快建立标准化的生产管理及质量保证体系;积极申报科研成果与专利;大力度进行广告宣传与企业文化传播;用足用够基地得天独厚的地理条件及生态优势;努力开发极具地方特色的优良产品及创新产品;积极拓展市场使市场占有率及品牌知名度不断攀升。

12. 什么是有机农业? 有机农业有哪些特点?

有机农业是指作物种植与畜禽养殖过程中不使用化学合成农药、化肥、植物生长调节剂、饲料添加剂等物质以及基因工程生物及其产物,而且遵循自然规律和生态学原理,协调种植业与养殖业的平衡,采取一系列可持续发展农业技术,维持持续稳定的农业生产过程。

有机农业的特点可归纳为 4 个方面:①建立循环再生的农业生产体系,保持土壤的长期生产力。②把系统内的土壤(富含微生物)、植物、动物和人类看成是相互关联的有机整体,应得到人们的同等关心和尊重。③采用土地与生态环境可以承受的方法进行耕作,按照自然规律从事农业生产,完全不使用人工合成的肥料、农药、植物生长调节剂等,充分体现农业生产的天然性。④有机农业生产体系相关产品是完全按照规定的程序和标准加工成的有机食品。

13. 如何有步骤地开展有机农业生产?

(1)选择基地 气候上要选择暖温带、温带和气候比较凉爽的地区,这样病虫害较少。生产基地环境好、无污染的地区(包括空气污染、土壤污染和水质污染）。

(2)选择品种　无论是种植或养殖,都应选择抗病性强的品种,最好是当地的土特产或地方优良品种,易于进行有机生产,最后是按照有机标准组织生产。

14. 有机农业与我国其他农业有何区别?

有机农业与我国其他农业的区别表现在:有机农业在其生产中绝对禁止使用化学合成物质及转基因产品,而其他农业生产允许或限制使用这些物质。有机产品比其他农业产品的加工质量要求更高,质量控制管理更加严格,在其生产和加工过程中不但要建立更为严格的生产质量控制和管理体系,还要建立并发展替代原来常规农业生产和加工的技术与方法。与其他农业产品生产过程相比,有机农业产品的整个生产、加工和消费过程更注重食物和环境的安全性,突出人与自然、经济、社会的持续和协调发展。

15. 无公害果品、绿色果品、有机果品的标准有什么区别?

这3类果品像一个金字塔,塔基是无公害果品,中间是绿色果品,塔尖是有机果品,越往上标准要求越高。

(1)无公害果品　无公害果品的生产有严格的标准和程序,主要包括环境质量标准、生产技术标准和产品质量检验标准,经考察、测试和评定,符合标准的方可称为无公害果品。

(2)绿色果品　绿色果品必须同时具备以下条件:果品或果品原产地必须符合绿色食品生态环境质量标准;果品的生产及加工必须符合绿色食品的生产操作规程;果品必须符合绿色食品质量和卫生标准;果品外包装必须符合国家食品标签通用标准,符合绿色食品特定的包装、装潢和标签规定。

(3)有机果品　种子或种苗来源于自然界,且未经基因工程技术改造过；在生产加工过程中禁止使用农药、化肥植物生长调节剂等人工合成物质，并且不允许使用基因工程技术，作物秸秆、畜禽粪肥、豆科作物、绿肥和有机废弃物是土壤肥力的主要来源，作物轮作以及各种物理、生物和生态措施是控制杂草和病虫害的主要手段。考虑到某些物质在环境中会残留相当一段时间，有机果品在土地生产转型方面有严格规定，土地从生产其他果品到生产有机果品需要 2～3 年的转换期。

有机果品在数量上须进行严格控制，要求定地块、定产量，其他果品没有如此严格的要求。

16. 无公害果品、绿色果品和有机果品是在什么背景下产生的？

(1)无公害果品　20 世纪 80 年代后期，部分省、直辖市开始推出无公害果品；2001 年农业部提出"无公害食品行动计划"，并在北京、上海、天津、深圳 4 个城市进行试点；2002 年，"无公害食品行动计划"在全国范围内展开。无公害果品产生的背景与绿色果品产生的背景大致相同，侧重于解决果品中农药残留、有毒有害物质等已成为"公害"的问题。

(2)绿色果品　20 世纪 90 年代初期，我国基本解决了果品的供需矛盾，果品中农药残留问题引起社会广泛关注，食物中毒事件频频发生，"绿色果品"成为社会的强烈期盼。1992 年农业部成立中国绿色食品发展中心，1993 年农业部发布了"绿色食品标志管理办法"。

(3)有机果品　国际上有机食品起步于 20 世纪 70 年代，以 1972 年国际有机农业运动联盟的成立为标志。产生的背景是，发达国家果品过剩与生态环境恶化的矛盾以及环保主义运动。1994 年，国家环保总局在南京成立有机食品中心，标志着有机果品在我国迈出了实质性的步伐。

17. 怎样才能生产出高品质的枣果?

提高枣果品质单靠一、二项措施很难达到目的,需要一套综合的技术措施。

(1)选用优良品种 新建枣园必须选择优良品种。对现有的低产、劣质的枣园,进行高接换优,这是提高果实品质的根本措施。

(2)合理施肥,平衡养分 应以有机肥为主,适量施氮、磷、钾肥和中、微量元素肥。氮素化肥已得到人们足够的重视,但对磷、钾肥,特别是钾肥认识不够。过量施氮肥造成果实含糖量降低,品质下降。枣是喜钾树种,适量增加钾肥使用量,对提高果实的品质有重要作用。

(3)合理的树体结构 牢固的树体骨架是生产高质量果品的前提。要通过冬季修剪完成树体结构的调整优化,更新枝组,剪除病残枝、细弱枝、重叠枝、交叉枝和虫枝死枝等。3~7年生枣股坐果率高、果实品质好,老龄枣股结果率低,果实品质也受影响。因此,对进入盛果期以后的枣园,要分批逐年更新结果枝组,使3~7年生结果枝占优势。通过抹芽、摘心、拉枝、撑枝、环剥等夏季修剪措施,调整枝条布局,节约树体营养,促进枣树正常发育。

(4)改善光照条件 冬剪时通过落头开心、疏枝、回缩,夏剪时通过摘心、拉枝、扭枝等措施改善树体光照条件,引光入膛,促进叶片光合作用,提高光合产物在果实中的分配比例,增进果实着色,提高品质。

(5)病虫害诊断与综合防治 枣锈病、斑点病、盲椿象、红蜘蛛、介壳虫等病虫害的危害,常常造成叶片提前脱落,使光合面积减少,叶片光合作用下降,果实发育得不到充足的养分,不能正常成熟,品质下降。枣果铁皮病使果实失去食用价值,对其必须认真防治。

(6)果实成熟期注意防止裂果 果实成熟期遇连阴雨,造成裂果、浆烂果,严重影响果实品质。有条件的枣园,尤其矮化密植园在成熟期用竹竿、铁丝和塑料等搭成防雨棚,能有效防止裂果。

18. 怎样才能科学地使用农药?

(1)**严格按照产品使用说明使用农药** 注意农药使用浓度,适用条件(水的 pH、温度、光、能否混配等)、适用的防治对象、残效期及安全使用间隔期等。

(2)**确保喷药质量** 农药的喷施质量是确保防治效果的关键。要掌握好喷药时间、喷药浓度和喷药方法。在喷药时间上,最好在清晨至上午 10 时前或下午 4 时后至傍晚用药。这样,可在树体上保留较长的农药作用时间,对人和作物较为安全;而在气温较高的中午用药则易产生药害和人员中毒现象,且农药挥发速度快,杀虫、杀菌时间短。另外,还要做到树体各部位均匀用药,特别是叶片背面、果面等易受害虫为害的部位。

(3)**提倡交替用药** 一年中,单纯或多次使用同种或同类农药时,病虫的抗药性明显提高,既降低了防治效果,又增加了损失程度。必须交替使用农药,以延长农药使用寿命,提高防治效果,减轻污染程度。

(4)**严格执行国家安全用药标准** 枣果采收前 20 天应停止使用农药。对喷药器械、空药瓶或剩余的药液及作业防护用品要注意安全存放和处理,以防污染环境。

(5)**搞好病虫测报** 根据气候变化和往年病虫害发生情况,准确预测病虫害发生的种类、数量、速度及天敌情况。在病虫害发生时,能通过其他手段可以控制病虫害的,尽量不采用化学农药防治方法,在危害盛期有选择地用药,通过综合防治来减少用药量。

19. 枣树病虫害综合防治的措施有哪些?

枣树病虫害有多种防治方法,概括起来主要有农业防治、物理防治、检疫防治、生物防治和化学防治,在生产中,应按照"预防为主,综合防治"的方针,坚持全年管理,人工防治与药剂防治,生物防治等相结合的方法,以避免或减轻病虫危害,确保树势健壮、枣果丰收。

20. 防治枣树病虫害的农业措施有哪些?

农业防治是最古老、延续至今仍在采用的有效防治病虫害办法。包括人工捕捉、刮树皮、摘除病虫枝及病虫果、刨树盘、清扫果园枯枝烂叶、树干绑缚草绳诱虫、绑塑料裙带阻止害虫上树等项措施。多数情况下用于越冬代各虫态的清除,以压低病虫害发生基数,如果工作做得细致周到,可起到事半功倍的效果。这些具体工作往往在冬春闲季,可充分利用人力资源,加强病虫害的防治,且利于树体和环境保护,该项措施已成为标准化生产栽培的首选内容。

生产上应用较多的农业栽培措施包括:通过合理的平衡施肥壮树抗病;合理修剪保证树体有良好的通风透光条件,防止病虫害发生;人工或化学除草与生草,改变果园生态,减少病虫害寄生场所,杜绝害虫转主为害;合理间作农作物种类,禁止混栽,避免害虫交叉为害等。

21. 什么是检疫防治?

每个国家和地区都有其限制进入、对生产构成重大威胁的病虫害对象,这些病虫以特有的方式寄生在植物材料或其产品中(包括接穗、种子、苗木、果实和木材等),并随之传播。因此,各地对当地没有发生及国际国内重要检疫的病虫害对象实行检查检疫制度,防止引进病虫害在当地传播和危害,做到以防为主,这就是检疫防治。

22. 怎样利用物理方法防治枣树病虫害?

目前,生产上应用的主要有灯光和点燃火堆诱杀成虫、涂胶粘虫,高温脱除植物材料中的病菌及病毒方法,效果较明显。

用频振式杀虫灯诱杀趋光、趋波性害虫是近年来物理防治的新手段,近距离以光诱、远距离以定频波来诱杀趋光、趋波性害虫的成虫,扩大了诱杀范围,效果良好,大面积多灯联合应用效果最佳。对鳞翅目、鞘翅目、双翅目、半翅目和直翅目等具有这两方面趋向性的害虫成虫适用。

23. 什么是生物防治? 对枣树栽培有什么现实意义?

依靠天敌生物及其代谢物,对特定病虫害的发生与发展进行控制的方法,称为生物防治。它是农业生态理论的中心组成部分。生物防治在现阶段多用于控制虫害,在控制病害方面有少量应用。

枣作为鲜食果品,对农药残留物质的要求应比非鲜食果品更严格。生物防治过程主要是捕食性或寄生性等天敌,对树植食性害虫进行捕杀的过程,减少了农药使用次数,可有效降低农药污染,改善农业生态环境,适用于鲜食果品的优质生产,有利于降低防治成本。

生物防治还具有特殊意义。如对介壳虫类、红蜘蛛类较难防治的虫、螨类危害,可发挥生物防治的优势。黑缘红瓢虫是介壳虫类的天敌,每头瓢虫一生可捕食约 2 000 头介壳虫,其幼虫和成虫可捕食介壳虫的卵、若虫和成虫,即使介壳虫外壳坚硬时,瓢虫仍可在壳表咬出小洞,将头伸入壳内取食其肉质部分;而深点食螨瓢虫从小到大均可消灭红蜘蛛类的卵、若螨和成螨,其成虫平均日捕食成螨 36~93 头、若螨 37~169 头,其一生可捕食数千头害螨。

24. 生物防治枣树病虫害应注意什么问题?

(1)保持天敌生物种群数量优势 在充分估计害虫及螨类发生程度、天敌存在数量的情况下,决定是否释放或引进天敌。天敌的数量较少时,不易控制虫害。

(2)充分发挥天敌优势种的作用 对害虫类起到不同程度控制作用的天敌可能有多种,但真正能够高效控制其发生与发展的,仅一种或少数几种天敌,这种高效天敌即优势种。例如:枣龟蜡蚧的天敌中,瓢虫科占 11 种,红点唇瓢虫为优势种;寄生蜂科有 5 种,长盾金小蜂为优势种;草蛉科有 3 种,丽草蛉为优势种。自然条件下,优势种评价有其标准:一是单位时间内捕食害虫的绝对数量大小;二是对害虫发生时间上的紧密跟踪程度,即有害虫即出现足够的天敌;三是天敌均匀分散程度,不留害虫防治死角;四是天敌要对环境有良好适应力,保持自身生存能力。人为利用时,可有目的地保护和饲养优势种,用于虫害防治。

(3)科学用好生物杀虫剂及仿生制剂 一些生物制剂(昆虫及微生物对害虫的致病、致死毒素)和仿生学制剂诱杀(桃小食心虫、枣黏虫性诱剂和特异性植物生长调节剂)等应用于生产,控制某些特定虫害,比"以虫治虫"效果来得迅速。可结合应用这类制剂,但也要注意产生抗性的问题。这类药剂在生产中仍需减少使用次数。

(4)生物防治需与其他防治方法相结合 尽管某些害虫有其天敌控制,当达不到生产防治的特殊要求(暴食性害虫、天敌跟踪不及时或有遗漏等)情况下,要辅以化学防治与物理防治等手段,有限度地配合,以弥补生物防治的不足。

25. 枣树害虫的主要天敌有哪些?

在自然界众多的物种之间,都保持一定的生态平衡,在没有人类的干扰下,相互依存,相互制约,共同发展。枣树上的各种害虫在自然生态环境中的天敌很多,按捕食害虫的类型划分,可分为寄生性益虫天敌、捕食性益虫天敌、食虫性鸟类天敌、食虫性兽类天敌、两栖类食虫动物天敌和昆虫致病微生物天敌等。

26. 化学药剂防治枣树病虫害有何现实意义?

化学防治枣树病虫害,是目前最有效的病虫害控制手段,要在病虫害预测预报的基础上进行。化学防治是对其他方法难于控制,急需大范围内快速扑灭,发生病虫为害较严重并对生产构成重大威胁的情况下,不得已而采取的对策。但仍要坚持保护天敌生物,减少环境污染的原则,还要遵守农药使用规则及执行国家关于农药在果品中的残留和有害物质标准。

27. 如何严格执行农药品种的使用准则?

农药品种按毒性分高、中、低毒 3 类,在枣树生产中,禁用高毒、高残留及三致(致畸、致癌、致突变)农药;有节制地应用中毒低残留农药;优先采用低毒低残留和无污染农药。

28. 农药的毒性与哪些因素有关?

农药的毒性是指药剂对人体、家畜、家禽、水生动物和其他有益动物的危害程度。有的农药毒性大、毒力大、药效也好,如涕灭威、克百威等;但也有不少农药,毒性低,其药效却很高,特别是近年来新发展的超高效农药品种,对人、畜毒性都很低,但对病虫草鼠的毒性和药效却很高,如氯氰菊酯、溴氰菊酯、三唑酮、稻无草、烯效唑等。了解农药的毒性与影响因素,减轻农药对人、畜危害,合理选药,正确使用农药具有重要意义。

(1)与农药的类别有关 一般来说,杀虫剂对人和动物的毒性最高,因为它们产生急性口服毒性反应的能力强。如有机磷杀虫剂中的久效磷、对硫磷、甲基对硫磷、甲胺磷、磷胺都是剧毒型农药。杀虫作用机制与有机磷类相同的氨基甲酸酯类农药,其毒性变化值很大,如涕灭威是剧毒的,但西维因和抗蚜威毒性相对就低多了。菊酯类农药对人或哺乳动物毒性低或有中等毒性,但对蜜蜂和鱼则是高毒的。除草剂的毒性比杀虫剂低得多,但有些除草剂如有机砷类的地乐酚和百草枯,如果使用过程不谨慎,也会产生毒害。杀菌剂中除了含汞和镉化合物以外,它们对哺乳动物的毒性相当低。有机氯类杀虫剂,是非常稳定的化学物质,进入人体或环境中能存于其中累积起来,使慢性毒性的危害增加。

(2)与农药的剂型有关 用来杀灭地下害虫的呋喃丹属于高毒性农药,但使用 3％呋喃丹颗粒剂就能大大降低其危害性,这也是高毒颗粒剂农药不能用自来水稀释喷施的原因之一。又如阿维菌素也属于高毒农药,但由于它加工成的制剂含量都很低,其制剂经口、经皮毒性都属于低毒的范围。

(3)与液态农药制剂中有机溶剂的毒性有关 在一些液态农药制剂如乳油、可溶液剂、微乳剂等,在加工过程中都不可避免地要加入一些有机溶剂、增溶剂、乳化剂和极性溶剂等,如常见的有苯、二甲苯、丙酮等有机物质。这些有机溶剂相对于一些高毒农药,毒性可能并不高,但相对于一些低毒、微毒农药,毒性却不低,甚至有些还高于农药本身。尤其是大量使用的乳油产品,因大量使用了苯类有机溶剂,对环境和人体的影响最为严重。例如,在 2.5％溴氰菊酯乳油中,溴氰菊酯含量只占到 2.5％,而二甲苯含量却高达 80％以上。有关专家指出,溴氰菊酯乳油造成人的急性中毒,主要为二甲苯所致。目前,以水为基质,不用或少用有机溶剂,对环境友好、对人体低毒或完全无毒的一些农药新剂型,如水乳剂、水剂、悬浮剂等产品,正在逐步取代大量使用有机溶剂的产品,并受到消费者欢迎,道理也在这里。

29. 枣园施药方法主要有哪些？

使用农药的方法应结合防治对象的发生规律、保护作物的生长特点、自然环境因素、药剂种类和剂型等特点而确定,基本原则是适时、适当、对症下药、适量用药,在枣园具体使用方法有树冠喷雾和低容量喷雾、树冠喷粉和地面撒粉、地面根施和埋瓶、树干高压注射和灌注、虫孔注射和堵塞、药液涂抹包扎和毒饵诱杀等方法。

(1)树冠喷雾和低容量喷雾法 农药加水调配后,用喷雾器喷洒成气雾,使树冠各部位均匀着药称为喷雾法。喷雾方法可供使用的农药制剂有乳油、可湿性粉剂、水剂、悬浮剂及可溶性粉剂等。根据施药器械及其雾化机制,喷雾有压力喷雾法和弥雾法。前者雾滴直径大,用于针对高容量喷洒,防治植株中下部病虫害较好;后者雾滴直径小,属小容量飘移喷洒,植株上部沉积药液量多,喷幅宽,效率高,但作业时易受气流的影响。

压力雾化法常用的喷雾器有预压式和背囊式两种,前者使用时先向喷雾器内压缩空气,喷雾时压力逐渐降低,雾滴变粗,每经一段时间喷雾,应向喷雾器内打气。后者可边喷雾边打气,喷雾时压力和雾滴均匀。喷雾器的喷孔越小、压力越恒定时,喷出的雾滴越小。喷孔 1 毫米施药液流量为 0.35～0.45 升/分,喷孔 1.3 毫米施药液流量为 0.55～0.65 升/分,喷孔 1.6 毫米施药液流量为 0.65～0.75 升/分。

低容量和超低容量喷雾,是指用东方红-18 型背负式弥雾喷雾机等机械进行弥雾喷雾,用药剂型多为专用的高浓度油剂,喷出的雾滴细、黏附能力强、溅落少,对靶标病虫的覆盖率大,对活动性大的害虫效果好,对病害和移动性小的介壳虫、粉虱等害虫的效果稍差。低容量和超低容量喷雾可减轻劳动强度,且不受水源限制,但只适用于没有上升气流和小风(风速在 1～3 米/秒)的情况下使用。

（2）喷粉法和地面撒粉法　喷粉法即使用喷粉器将分散度合乎要求的粉制剂均匀地喷洒分布到目标作物上。良好的喷粉技术，应当有较多量的药粉能在作物上均匀而持久的沉淀。喷粉器有背负式和胸挂手摇式等。进料、送风速度越快，喷出粉量越大。东方红-18A 型背负式机动弥雾喷粉机，能保持恒定的送风速度，喷幅宽，效率高，喷粉质量较好。

喷粉法工效高，作业不受水源限制，在大面积防治时速度快，可将害虫种群迅速控制住。风速超过 1 米/秒时不宜喷粉。作物上有露水时有利于提高附着药量，有露水或雨后喷粉时应注意不要弄湿喷孔，否则会形成粉团堵塞出粉孔，使出粉量忽高忽低。粉剂附着在作物上易被震落，不耐雨水冲洗，喷药后 24 小时内若有降雨，则应补喷。喷粉法漂移性强，污染环境较严重。

地面撒粉法用于撒施的农药形态主要是毒土，药剂为粉剂时可直接与细土拌和；药剂为液剂时，应先加 4～5 倍水稀释，用喷雾器喷到细土上，拌匀后撒施。地面撒粉最好在早晨露水未干时进行，用手撒施时必须戴橡胶或乳胶手套，严防药剂中毒。此法的优点是持效期较长，不用药械，便于大面积应用，对在土壤中越夏越冬及在地面和土中活动的病虫害有很好的防治效果。

（3）根施法和埋瓶法　根施法属土壤中施药，药剂施在作物根际部位，即在作物根部开沟或挖穴，根据需要施药，然后覆土。枣树以树冠滴水线为界，开环状或放射状、深 5～15 厘米、宽 20 厘米沟施药，也可在树盘内开穴点施。所用药剂多为内吸剂，通过作物根部吸收达到防治病虫害的目的，如用毒死蜱等防治枣树地下害虫、潜叶蛾等，用硫酸亚铁药液浇灌根际土壤，预防枣树缺铁症，用多效唑控制枣树的营养生长、矮化树冠。此方法不足之处是受雨水影响较大，易使药剂流失，黏重或有机质多的土壤对药剂吸收附着力较强，药剂利用率低，土壤酸碱度和某些盐类、重金属会使药剂分解。

埋瓶法是将药液装入瓶中，根据需要埋入作物根部施药。如防治枣树因缺铁产生的病害时，可在装有硫酸亚铁或柠檬酸铁的小瓶中插入数根枣树细根，埋入树盘土壤。

(4)高压注射法和灌注法 高压注射法是用高压将药剂注入植物(枣树)体内，达到防治病虫害的目的。此法药液利用率高，见效快，持效期长，不污染环境。施药时需用专用高压树干注入器，用药后要用木塞或黏泥密封注射孔。

灌注法是用注射器将药液慢慢注入树体韧皮部与木质部之间，或用输液瓶将药液挂于树上，针头插入适当部位将药液注入。高压注射法和灌注法不太适合防治暴发性病虫害。

(5)虫孔注射和堵塞法 将所需浓度的药液用注射器直接注入害虫钻蛀的孔洞，或用竹、木签、脱脂棉蘸取药液塞入虫孔，然后密封孔洞，达到防治害虫的目的。例如，用敌敌畏药棉塞虫孔防治天牛为害。

(6)药液涂抹包扎法 在春季枣树发芽、树液开始上升流动时节，将用于防治病虫害的药剂、配制成一定浓度，涂抹于枣树主干或刮去老粗皮的大树枝干上，然后用塑料薄膜包裹涂药部位，达到防治病虫害的目的。对防治刺吸式口器的害虫如螨、蚜虫、介壳虫、粉虱及因缺铁、缺锌等引起的缺素性生理病害，对调节植株生长、促进开花结果效果较好。此法要选用内吸剂制剂、药液浓度应适宜，刮粗皮时以见白皮层为宜。注意采果70天内不要使用此法，已结枣的树木严禁用剧毒农药涂抹，一般衰老枣园不要用此法，以免减弱树势。

(7)毒饵诱杀法 毒饵法是用害虫和有害的软体动物、老鼠、兔子等喜食的食料为饵料，与具有胃毒作用的农药按一定比例(一般药量为饵料的 0.2%～0.3%)拌匀制成毒饵，傍晚和雨后分散均匀撒于枣园中，诱杀在地下或地面活动的害虫和有害动物。

30. 怎样科学选择和购买农药？

使用化学农药，防治病虫草害，促进作物生长发育，是农业生产中必不可少的重要技术措施。如果没有化学农药，枣树生产要达到高产、稳产、高效是不可能的。因此，学会科学准确地选择、配制与使用农药，是每位枣农必须具备的基本功。

农药的类型、剂型和品种很多，其理化性质、防治对象、毒性、使用方法各不相同。因此，了解农药的性能，对症购药，并掌握正确的配药、施药方法，才能取得较好的防治效果。

(1)了解农药的类型和剂型 农药按其成分分为化学源农药、植物源农药、动物源农药、微生物源农药和矿物源农药等。按防治对象分为杀虫剂、杀螨剂、杀线虫剂、除草剂、杀鼠剂和植物生长调节剂等。按毒性来分，又有高毒、中毒、低毒农药之别。每种农药对病虫草害的作用方式也不完全相同。如杀虫剂又分为胃毒剂、触杀剂、内吸剂、熏蒸剂和特异性昆虫生长调节剂。杀菌剂有保护剂、触杀剂和内吸治疗剂。除草剂的类型亦有很多，有的是茎叶处理剂，有的是土壤处理剂。按其杀草性能又分为选择性除草剂和灭生性除草剂，也有触杀性和内吸性之分。有的农药可同时具备几种方式，如敌敌畏既有触杀、胃毒作用，又有熏蒸作用。

农药还有多种剂型，施用方法亦不同。粉剂不溶于水，只能作喷粉用；可湿性粉剂对水稀释成悬浮液，供喷雾用；可溶性粉剂可直接溶于水；乳油对水后成乳状液，易吸附在植物体或虫体上，残效期较长；微胶囊剂的微滴和微粒外面包上一层囊皮，囊皮破裂后药剂逐渐释放，所以又叫缓释剂，其特点是残效期较长，可减少施药次数，降低毒性；胶悬剂兼有乳油和可湿性粉剂的共同特点，黏着性强；水剂直接对水施用，黏着性差，使用时可加入展着剂或洗衣粉等作黏着剂。

(2)防止购买假冒伪劣产品 目前，农药的商品种类名称繁杂,同种类农药有多个名称、多种包装,如阿维菌素又称齐螨素、海正灭虫灵、7051杀虫素、爱福丁、阿巴丁等。购买农药时要做到以下几点:

第一,要认真识别农药的标签和说明,不要买重药、买错药。要仔细阅读农药产品说明书、标签,检查合格证。搞清农药品名、有效成分含量、注册商标、批号、生产日期、保质期和三证号(农药登记号、准产证号、产品标准号),凡是无"三证"或"三证"不全的农药均不能购买。

第二,要仔细检查农药外观质量,凡是标签和说明书识别不清,或无正规标签的农药不能购买。粉剂、可湿性粉剂应无结块现象,水剂无浑浊,乳油应透明。胶悬剂出现分层属正常现象,摇晃后无分层。颗粒剂中应无过多的粉末。

第三,目前农药市场上伪劣假冒产品大量存在,不少种类是用新包装、新名字包装着劣质产品。因此,购买农药时,不要轻易相信所谓的新产品,要尽量购买过去使用效果好的老品牌,因为好产品、好品牌不会随意更换包装和药品名称,只有假劣产品无人购买时,才会换包装、换名字继续骗人。

(3)要正确诊断,对症购药 农药的品种很多,各种药剂的理化性质、生物活性、防治对象等各不相同,某种农药只能对某些甚至某种防治对象有效。因此,首先要准确识别病虫草害的种类,确定重点防治对象,并要根据发生期、发生程度选用合适的品种和剂型。例如,防治病害,在病害发生前要喷保护剂,病害发生后要喷治疗剂。

31. 导致病虫害产生抗药性的因素有哪些?

害虫、病菌产生抗药性的原因是多方面的,主要原因如下:

第一,生物都具有适应自然环境变化的本能,喷洒农药后,环境条件发生了变化,害虫、病菌自然亦会相应发生变异,以便适应新的环境条件。这是自然法则"优胜劣汰,适者生存"选择的必然结果。抗药性是生物具有的生存本能。特别是一些生活史短、繁殖快、数量大、年发生代数多的害虫(如蚜虫、叶螨等)和病菌中的专性寄生菌(如白粉菌、锈菌、梨黑星菌等),更易产生抗药性。这些生物繁殖迅速,接触药剂机会多,产生抗药性也快。

第二,长期单一使用一种药剂,经过自然选择,多次淘汰,致病生物更容易产生抗药性,生存能力较强的少数害虫和病菌保存了下来,继而不断繁衍,形成了新的抗性种群。

第三,有些害虫本身具有解毒的酶类物,当长期使用单一农药时,解毒酶活性增强,可将进入害虫体内的药剂由高毒变为低毒或无毒,其抗药性就会自然增强,这就是害虫的生理解毒作用,即体内抗药性。另外,有的害虫在药剂的长期作用下,其虫体表皮层药剂难以渗透,从而成为形态保护作用,即表皮抗药性。

不同类型农药对病虫产生抗药性程度有明显差异,如杀虫剂中有机磷内吸性农药(乐果等)和拟除虫菊酯广谱性农药(敌杀死等)、杀菌剂中内吸性农药(粉锈宁、多菌灵、甲基硫菌灵、速克灵等)都较其他农药更易产生抗药性。

32. 怎样防止病虫害产生抗药性?

致病生物抗药性的产生和提高,意味着化学防治的失效。要提高防治效果,就应当致力于恢复那些对某种或某类药剂产生了抗性的种群对药剂的敏感性。主要措施包括:

(1)使用无交互抗性的药剂 这是预防抗性产生后最有效的方法,也称顺序用药,即甲不行了换用乙,乙不行了换用丙。这样会提高种群个体的死亡率,降低抗性种在种群中的比例。如杀虫剂中拟除虫菊酯、氨基甲酸酯、昆虫生长调节剂以及生物农药等几大类农药,可以交替使用;也可以在同一类农药中不同品种间交替使用。杀菌剂中内吸性制剂、非内吸性制剂和农用抗生素交替使用等,都可明显延缓病虫抗药性的产生。所以,任何药剂(即便是新药剂)如果连续使用,其使用寿命都是有限的,因此必须采取预防性措施,防止病虫对新起用的药剂在短时间内快速产生抗性。

顺序交替用药虽然能在短时间内将害虫控制住,但在目前抗性产生的速度明显快于新药开发速度的情况下,我们应该对抗性治理采取积极主动的办法,注重抗性的预防,在抗性产生之前主动换用别的药剂,采取轮换用药,交替用药,避免连续使用一种药剂,以便预防和延缓病虫对药剂产生抗性。

对于抗性谱还较窄的害虫,要及早选出多种有效药剂,合理搭配,轮换使用,切不可简单地将一种农药连续使用。

(2)使用增效剂 抗药性的产生不外乎是抗性个体解毒代谢增强、靶标敏感性降低或表皮渗透性降低所致。在没有可供换用的新药剂时,利用解毒代谢酶的抑制剂和渗透剂等,与致病生物已产生抗性的药剂按一定比例混用,可大大提高杀虫、杀菌效果,并提高对敏感个体的杀伤率。

这类增效剂大多为杀虫剂解毒酶的竞争性抑制剂,与杀虫剂具有类似的结构,这类增效剂是解毒酶的抑制剂。从某种程度上来说,增效剂也是一种混用剂,对害虫抗性的产生也不是完全免疫的。由于解毒酶的普遍存在,同一害虫的不同个体对增效剂的反应可呈现高度差异性,加之害虫对增效剂的抗性、使用增效剂带来的费用高等因素,都阻碍了增效剂的应用。

(3)使用混剂 将两种不同作用方式和机制的农药混合使用,具有增效作用。无交互抗性单剂的混用可提高两种单剂对抗性个体的杀伤率。实践表明,合理混用农药可以降低种群中抗性个体产生的频率,延缓和阻止抗性产生。例如,灭菌丹和多菌灵混用、瑞毒霉和代森锰锌混用、拟除虫菊酯和有机磷混用、乙磷铝和含有锰锌类农药混用,"天达-2116"和各种非碱性农药混用,都可延缓病虫害抗性的提升,比使用单剂效果好。农药能否混用,必须符合下列原则,一是要有明显的增效作用;二是对植物不能发生药害,对人、畜、禽的毒性不能超过单剂;三是能够扩大防治对象;四是降低防治成本。

农药混用剂有两种:一是自行混配,必须现用现配,不能放置时间过长;二是工厂已混配好的药剂。

(4)农药品种的间隔使用或停用 一种农药已使某些病虫产生抗药性,可停用一段时间,改换其他品种,抗药性便会逐渐下降,甚至基本消失,然后再继续使用。除此之外,还应注意科学用药,并根据病虫害的防治指标,掌握关键时期防治,以延长农药的使用寿命。

(5)改进施药技术,掌握准确的使用剂量和施药适期 目前,枣园管理者多数用药不讲科学。有的是怕效果不好,把农药的使用浓度任意提高,只图短期的效果,使病虫很快产生抗性;有的是不按规定浓度施药,或计算上有错误,使用浓度过低,不仅无效或效果很差,也易导致抗药性产生;有的是在病虫害盛发期或越冬低温时间或夏季高温时间内施药,不仅效果差而危害严重,而且导致产生抗性和药害发生。因此,选择在病虫害的初发期、敏感期和幼、若虫期施药,使用准确、有效的药剂和适宜剂量,是提高防治效果,延缓抗药性产生,节约成本的一个有效途径。

此外,改进喷雾技术,尽可能地使药液接触到靶标对象,并使之均匀分布,也是避免抗药性产生的一项重要措施。

33. 枣树生产中禁止使用的农药有哪些?

(1)有机磷类高毒品种 对硫磷(1605、乙基1605)、甲基对硫磷(甲基1605)、久效磷、甲胺磷、氧化乐果、甲基异柳磷、甲拌磷(3911)、乙拌磷及较弱致突变作用的杀螟硫磷(杀螟松、杀螟磷、速灭虫)。

(2)氨基甲酸酯类高毒品种 呋喃丹(克百威、虫螨威、卡巴呋喃)。

(3)有机氯类高毒高残留品种 六六六、滴滴涕、三氯杀螨醇。

(4)有机砷类高残留致病品种 福美胂及无机砷制剂,如砷酸铅等。

(5)二甲基甲脒类慢性中毒致癌品种 杀虫脒(杀螨脒、克死螨、二甲基单甲脒)。

(6)具连续中毒及慢性中毒的氟制剂 氟乙酰胺、氟化钙等。

34. 枣树生产中限量使用的农药有哪些?

(1)拟除虫菊酯类 如功夫、氯氰菊酯、氰戊菊酯、百树菊酯、灭扫利、天王星、来福灵等;

(2)有机磷类 敌敌畏、二溴磷、乐斯本(毒死蜱)、扫螨净。

35. 枣树生产中提倡使用的农药有哪些?

(1)植物源类 除虫菊、硫酸烟碱、苦楝油乳剂、松脂合剂。

(2)微生物源类 Bt制剂(青虫菌6号、苏云金杆菌、杀螟杆菌)、白僵菌制剂和对人类无毒害作用的昆虫致病类其他微生物制剂。

(3)农用抗生菌类 阿维菌素(齐螨素、爱福丁、7051杀虫素、虫螨克、艾克丁等)、浏阳霉素、华克霉素、中生菌素(农抗751)、多氧霉素(宝丽安、多效霉素等)、农用链霉素、四环素和土霉素等。

(4)昆虫生长调节剂 灭幼脲、定虫隆(抑太保)、氟铃脲、扑虱灵、卡死克等。

(5)信息引诱剂 桃小及枣黏虫性诱剂等。

(6)矿物源农药 硫酸铜、硫酸亚铁、硫酸锌、高锰酸钾、波尔多液、石硫合剂及硫制剂系列等。

(7)人工合成的低毒、低残留化学农药类 敌百虫、辛硫磷、螨死净、乙酰甲胺磷、双甲脒、粉锈宁、代森锰锌类(大生M-45、喷克）、甲基硫菌灵、多菌灵、扑海因、百菌清、高脂膜、醋酸、中性洗衣粉；其他如吡虫啉、啶虫脒等。

36. 喷药时应怎样计算加药剂量？

药剂使用浓度的确定是根据该药剂在常温下，对防治对象（病菌和害虫）有效期达 12 天时，应加水稀释倍数。如 4.5％高效氯氰菊酯乳油稀释 1 500 倍液，是指 1 份 4.5％高效氯氰菊酯乳油加 1 500 份水喷雾后，对害虫有效期达 12 天以上。但在实际生产过程中，由于受喷药方法、喷药质量和气候条件等多方面的影响，药剂的持效期一般达不到 12 天，这就要缩短喷药间隔期。如果使用背负式喷雾器喷药，怎样计算每个喷雾器（按 30 升水算）加药剂量呢？计算方法为：喷雾器盛水数÷（稀释倍数÷500）。比如：2.5％三氟氯氰菊酯（功夫）2 500 倍液，每个喷雾器加药剂量为 30÷（2500÷500）＝6（毫升）。如果是粉剂或颗粒剂，如 70％甲基硫菌灵 1 000 倍液，每个喷雾器加药剂量为：30÷（1000÷500）＝15 克。

37. 防治枣园病虫害应怎样科学用药？

枣园病虫害种类较多，发生程度重，防治难度大。枣园如何用药，才能取得良好的防治效果，这是人们普遍关注的问题。要有效控制病虫害的发生和蔓延，必须本着"预防为主，综合防治"的方针，采取人工防治、物理防治、检疫防治、农业栽培措施防治、生物防治、化学防治等多种方法相结合，尤其在进行化学防治时，一定要把握好以下几个环节：

（1）用药前先看使用说明　要弄清楚农药的主要成分、含量、适用的防治对象、在什么条件下使用（比如水的质量、温度、光、能否与其他药剂混用等）、农药的残效期及安全使用间隔期。

（2）严格喷药质量　要在清晨至上午 10 时或下午 4 时后用药，并且喷药量一定要达到规定要求，一般 4～5 年生树，每株树用药液量在 1 千克以上,做到树体各部位均匀着药,特别是叶片背面。另外,地下和周围沟渠也要喷药。

(3)**轮换用药**　各种农药交替使用,以免病虫产生抗药性,降低防治效果。

(4)**提倡统一喷药,群防群治**　群防群治是有效控制病虫害发生蔓延、提高防治效果的关键。

(5)**科学配方,兼治多种病虫害**　制定药剂配方时,一定要考虑到药剂能否混用,提高病虫害的防治效果。比如防治盲椿象,可选用 2.5% 三氟氯氰菊酯(功夫)＋万灵,这样,既解决了万灵持效期短的问题,又兼顾到了对害虫的速效性。

38. 如何缓解和解除枣树药害?

近些年来,枣树病虫害越来越严重,尤其是在生长季节各种病虫害往往交叉危害,农药使用次数和剂量不断增加。大量使用农药和除草剂,使枣园频繁发生药害。枣树一旦发生药害,轻者叶片黯淡、粗糙、皱缩或卷曲,严重时出现斑块、焦边;花蕾期和花期发生药害,花蕾或花大量焦枯、干缩,引起落蕾、落花,坐果率降低,甚至坐不住果;坐果后发生药害,枣果上常出现不规则的斑块,继而发展成连片的褐色或黑色大斑,重者出现严重的落果。出现药害后,可用 600 倍液天达 2116＋0.3% 尿素溶液喷雾,可大大降低药害程度。每隔 5～7 天喷 1 次,连续 2～3 次,就可以恢复树势,解除药害。

39. 怎样识别农药剂型和含量?

(1)**乳油**　代码为 EC。其特点为药效高,使用方便,性质较稳定,耐贮运。

(2)**粉剂**　代码为 DP。具有使用方便、药粒细、效能均匀分布、撒布效率高、节省劳力、残留少、不易产生药害等优点,但从均匀性和药效看,粉剂一般不如液态制剂。

(3)粒剂 代码为 G。其特点为:使用安全方便,持效期长;用药时无漂移;高度低毒化;有利于定向用药;不易附着作物,避免产生药害。

(4)可湿性粉剂 代码为 WP。其特点为:可对水直接使用;能均匀展着在植物的表面上,提高药效;贮运安全,使用方便;对环境污染轻。

(5)可溶性粉剂 代码为 SP。其特点为:有效成分含量高;可均匀分散于水中,药效好;不易产生药害。

(6)水分散性粒剂 代码为 WDG 或 WG、DF。其特点是:对环境污染轻;有效成分含量高;水中分散性好,悬浮率高;可均匀分散于水中,药效好;不易产生药害。

(7)水剂 代码为 WC 或 AC。特点为:药剂在水中不稳定时,贮存时间过长易分散失效,在作物表面展着性较差,药效不如乳油。

(8)水乳剂 代码为 EW。药效和同剂量的乳油相当。

(9)悬浮剂 代码为 SC 或 FL。兼有乳油和可湿性粉剂的一些特点,贮运安全,颗粒小,覆盖面大,黏着性强,药效高。

(10)微乳剂 代码为 ME。特点为:贮运安全,对环境污染小,渗透性好,防效高。

农药含量与使用倍数密切相关,高含量药剂,使用倍数一般很高,如 30%吡虫啉,使用倍数为 8 000~10 000 倍;3%啶虫脒使用倍数为 2 500~3 000 倍;1%阿维菌素使用倍数为 4 000~5 000倍;而 2%的阿维菌素使用倍数为 8 000~12 000 倍液。

40. 枣园常用杀菌剂和杀虫剂有哪几类?

(1)杀菌剂 农用抗生素制剂,无机硫制剂,有机硫制剂,铜制剂,有机杂环类制剂,取代苯类杀菌剂,混合杀菌剂。

(2)杀虫剂　有机磷类杀虫剂,氨基甲酸酯类杀虫剂,拟除虫菊酯类杀虫剂,微生物杀虫剂和农用抗生素杀虫剂,植物源杀虫剂,矿物油乳剂,特异性害虫生长调节剂。

41. 杀菌剂有哪些作用机制?

杀菌剂最常见的作用方式是杀菌作用和抑菌作用。起杀菌作用的杀菌剂使病菌孢子不能萌发,真正把菌杀死,如重金属盐类、有机硫类;起抑菌作用的杀菌剂使病菌孢子萌发后芽管或菌丝不能继续生长,有效地抑制病菌生命活动的某一过程,如内吸性杀菌剂。

42. 杀虫剂的作用机制是什么?

(1)有机磷杀虫剂　药液喷布到植物各器官,渗透到组织中,昆虫通过吸食植物器官中的含药汁液,抑制乙酰胆碱酶作用,使昆虫最初出现高度兴奋、痉挛,最后瘫痪、死亡。

(2)氨基甲酸酯类杀虫剂　抑制乙酰胆碱酯酶活性,但与有机磷类杀虫剂稍有不同,它的抑制作用是竞争性和可逆性的。因氨基甲酸酯类杀虫剂分子的大小和性状,在一定程度上与乙酰胆碱相似,从而与乙酰胆碱竞争,和乙酰胆碱酯酶结合,形成乙酰胆碱酯酶与氨基甲酸酯的复合体,但这种复合体较不稳定,因而被抑制的乙酰胆碱酯酶在适当的条件下逐渐恢复活性,而表现为可逆性抑制。

(3)拟除虫菊酯类杀虫剂　作用于轴状突上的神经冲动传导,使正常的神经冲动传导受阻塞。表现为昆虫中毒后局部颤抖,进而发展为整个躯体的剧烈运动、痉挛,最后麻痹、死亡,或仅表现为痉挛并进入麻痹状态。

43. 枣园内死树是什么原因?

第一,枣园地处低洼地段,降雨量大,排水不及时,特别是重黏土地块,泥涝现象非常严重,枣树根系窒息死亡,腐烂变黑,引起整株树死亡。这样的地块要进行深翻改土,增强土壤透气性,才能缓解死树现象。

第二,过量施用化肥,尤其是速效氮肥,撒施氮肥的更加严重,使枣树根系及根茎部形成肥害,根茎及根系腐烂变黑,树体死亡。

第三,枣锈病严重,引起早期落叶,树体贮备营养不足,再加上低温冻害,出现了死树现象。

第四,干腐病、红皮病严重,树体营养循环遭到破坏,枝干、根系相继死亡,从而引起整株树死亡。

第五,开甲过重,或因甲口遭受甲口虫为害,不能正常愈合,引起树体死亡。

总之,死树原因是多方面的,要在查找原因的基础上,有针对性地采取相应措施,对症下药,才能取得良好的效果。

44. 冬枣花期喷什么农药最安全?

农药对冬枣花及花蕾都有不同程度的危害,如果冬枣花期病虫害发生轻,则应尽量避开花期用药。冬枣花期病虫害较严重时,要根据病虫害发生情况及时喷药防治。冬枣花期可选用以下药剂(最好避开盛花期)。

(1)杀菌剂 多抗霉素(多氧霉素、宝丽安、细菌病刻)、杀菌优、福星、易保、万兴等。

(2)杀虫剂及杀螨剂 吡虫啉(如金色高锰、10%吡虫啉、金圣等)、啶虫脒类、锐劲特(氟虫腈)、万灵、阿维菌素、浏阳霉素、苏云金杆菌(Bt 制剂)、苦楝油乳剂等。

十三、枣树主要病虫害防治

1. 为什么说防病治虫是重点,地下防治最关键?

许多枣树害虫是在地下土层中潜伏越冬的,春季地温回升后,害虫随之出土。特别是到了雨季,许多害虫陆续出土上树为害。因此,加强地下防治,可阻止多种害虫上树为害枣树,是病虫害防治最有效的措施之一。有些害虫,如绿盲蝽若虫、枣尺蠖雌成虫等多爬行上树,通过地下防治,方法简单,效果显著。

2. 地下防治害虫有哪些具体措施?

地下撒施3％辛硫磷颗粒剂或地灵丹颗粒剂(也可用50％辛硫磷乳油0.5千克拌麦麸10千克或细河沙10千克撒在树盘内),然后划锄,将药翻入表土以下,杀灭地下害虫;树干绑缚塑料膜带,阻止各种若虫、幼虫、无翅雌成虫上树;树干涂抹黏虫胶,防止害虫上树。

通过上述方法,可大大降低树上虫口数量,减少树上喷药次数。

3. 什么是"预防为主,综合防治"的植保方针?

"预防为主"就是在病虫害发生之前采取相应措施,把病虫草害控制在发生前或初发阶段。"综合防治"就是从农业生产的全局和农业生态系的总体观点出发,全面考虑自然因素和人为因素,正确处理和协调各因素间的相互关系,充分利用自然界抑制病虫草害的因素,创造不利于病虫草害发生及危害的条件,以农业措施为基础,根据病虫草害的发生、发展规律,因时、因地制宜,合理运用化学防治、生物防治、物理防治等措施,把病虫草害的危害程度控制在经济允许水平之内,达到保护人、畜健康和增加果品产量的目的。这种有计划、有目的的全面措施的综合实施,称为"预防为主,综合防治"的植保方针。

4. 枣树主要害虫有哪些?

枣树害虫种类很多,但不同枣区其病虫害群体有所不同。在鲁北枣区,对枣树产生为害的主要害虫有:枣尺蠖、枣黏虫、红蜘蛛、枣瘿蚊、绿盲蝽、桃小食心虫、棉铃虫、枣芽象甲、黄刺蛾、日本龟蜡蚧、枣瘿螨、灰暗斑螟等。根据其为害对象的不同,可将上述害虫分为:

(1)食叶害虫 如枣尺蠖、食芽象甲、枣黏虫、枣瘿蚊、黄刺蛾、枣龟蜡蚧、枣瘿螨、绿盲蝽、山楂红蜘蛛等。

(2)枝干害虫 如星天牛、豹纹木毒蛾、蚱蝉、灰暗斑螟等。

(3)根部害虫 如地老虎、蝼蛄、蛴螬等。

(4)果实害虫 如桃小食心虫、枣绮夜蛾、棉铃虫、黄斑椿象等。

5. 怎样防治枣尺蠖?

枣尺蠖属鳞翅目,尺蠖蛾科。俗称"枣步曲"、"顶门吃"。分布较广,以低龄枣园、酸枣树及管理粗放的枣园多见,而且多年发生。以幼虫取食枣树嫩芽、嫩叶,啃食幼果。在虫口密度大且防治不及时的情况下,枣树的嫩芽被吃光,导致二次发芽,叶片黄而小,严重影响产量和果实品质,有时叶、花被食,造成绝产。

(1)保护和利用天敌 肿跗姬蜂、家蚕追寄蝇和彩艳宽额寄蝇,以枣尺蠖幼虫为寄主,老熟幼虫的寄生率可以达到30%～50%,应注意保护。

(2)人工防治 于早春成虫羽化前,在树干1米范围内,将10厘米左右的表土挖出,捡拾虫蛹并集中消灭。也可将蛹于盆内埋好,待羽化时盖上粗格窗纱,只允许寄生蜂飞出,使成虫闷死在盆内。利用雌蛾不会飞的特性,在其羽化前,于树干中下部绑缚开口向下为喇叭状的塑料膜,阻止雌蛾上树,并于清晨捕捉雌蛾。也可将塑料膜改为草绳缠缚于树干中下部,诱集两性蛾在此交尾产卵,每10天换1次草绳,并将换下的草绳烧掉以消灭其中的卵块。在幼虫发生期以棍敲树击枝,利用幼虫假死性,收集坠地幼虫并处死;利用挖出的蛹,选出羽化后的未交尾的雌蛾,放入诱捕器中诱杀雄蛾。

(3)化学防治 选用 Bt 乳剂(100 亿活芽孢/克)500~1 000倍液,或天达 25%灭幼脲悬浮剂 1 500~2 000 倍液,在幼虫初发至盛期之间(4 月底至 5 月初)对树喷雾;也可在幼虫发生盛期用拟除虫菊酯类混加 Bt 乳剂或灭幼脲防治。在 5 月中旬,如有漏防幼虫可第二次用药,改以有机磷类混合拟除虫菊酯类杀虫剂或 90%万灵防治,也可单用 Bt 乳剂防治。也可用 40%毒死蜱乳油 2 000倍液、80%敌敌畏乳油 1 000 倍液。

6. 如何防治枣黏虫?

枣黏虫属鳞翅目,小卷叶蛾科,又称枣镰翅小卷蛾、枣小蛾、枣实菜蛾,是枣树主要害虫之一。以幼虫为害芽、叶、花蕾、花,并咬食幼果。第三代幼虫开始为害幼果,常将枣叶与枣果用薄丝相互粘贴,在其啃食果柄处的枣皮与枣肉,造成落果。

(1)农业防治 刮树皮灭蛹,利用冬枣休眠季节,人工刮除树干、枝叉处的粗皮和翘皮,事先在树下铺好塑料布收集树皮及虫茧,集中烧掉。

(2)物理防治 用黑光灯诱杀成虫:于成虫发生期,设置黑光灯(杀虫灯)诱杀成虫。于 5~6 月份,将遗漏的黏虫包摘除。9 月上旬在树干树叉处绑草把,诱虫化蛹,再取下烧掉。

(3)化学防治 关键是要抓好第一代幼虫防治,基本与枣尺蠖同步进行,所用药剂也相同。第二代幼虫的防治正值花期前后,此时天敌生物大量发生,药剂选择时应防止伤害天敌与蜜蜂,可用苯甲酰基脲类杀虫剂,如 25%灭幼脲悬浮剂 1 500~2 000 倍液,持效期可达 15 天以上,也可选用 5%氟虫脲乳油 1 500 倍液,兼治红蜘蛛类害螨。配合药剂选用 2%阿维菌素微囊悬浮剂 1 000 倍液。

(4)生物防治 利用性诱剂迷向方法或天敌生物防治,在保护天敌的条件下,可选用赤眼蜂防治,在第二代成虫产卵期(7 月中下旬开始),每株释放赤眼蜂 3 000~5 000 头,在田间卵调查的基础上,于卵的初期、初盛期和盛期各释放 1 次(每次间隔约 4 天)最好,田间卵被寄生率可达 85%以上。利用微生物杀虫剂,喷洒 Bt(100 亿个活芽孢/克)乳剂 500 倍液,或白僵菌普通粉剂(100 亿活孢子/克)500~600 倍液。

7. 盲椿象对枣树有什么危害?

盲椿象为害最为严重的时期是发芽期、开花坐果期和幼果期。枣树发芽期受害,常使枣树抽不出完整的枣头,发生严重时,致使枣树根本发不出芽。叶片受害时,先在新叶上出现枯死的小斑点,随着叶片的伸长,枯死斑扩大,出现不规则孔洞,使叶片残缺不全,俗称"破头疯"。

枣吊受害后呈弯曲状,如烫发一般。该虫为害形成的疮口,极易成为细菌性疮痂病发病点;花蕾受害后停止发育而干枯脱落,受害严重的枣树花蕾几乎全部脱落;幼果受害后,常出现褐色至黑色坏死斑,有的出现隆起的小疤痕,其果肉组织坏死。刚坐住的幼果受害后大部分脱落,进入发育期的幼果,常因受害出现疮口,并引起果实发病,成为多种病菌的接种点或侵染点。

8. 枣树盲椿象的发生和为害有什么特点?

(1)发生特点 集约化种植创造了适宜繁衍的环境条件,导致害虫的生物种群发生了演变;暖冬天气提高了越冬成活率;害虫产生抗性;农药结构不合理;近几年控制药物的作用机制出现危机;传统的防治模式难以应对新出现的问题。

(2)为害特点 为害时间长,世代多,不完全变态、虫态寿命长;寄主植物种类复杂,相互传播多种疾病;世代重叠,防治适期难以确定;为刺吸式口器,难以取得较好的防治效果;活动迅速,昼伏夜出;喜阴雨潮湿天气。

9. 怎样防治盲椿象?

(1)人工防治措施 3月底前,及时刮除老树皮,清除病残枝,剪除树上越冬卵块,集中烧酸对树下杂草及枯枝落叶进行清除,消灭越冬虫源,特别是要对枣园四周的沟渠路旁进行清理,铲除杂草,污水全部排掉,创造不利于盲椿象生存的环境,减少盲椿象为害。

(2)化学防治措施 ①3月底4月初对枝干喷布3~5波美度石硫合剂1次;②及时清园。于4月上旬对枣园环境进行1次药物清园。③发生期用有效药剂喷雾防治。要特别注意展叶后至幼果期的防治,要每隔5~7天喷药1次,可选用40%毒死蜱微囊悬浮剂1 500倍液加吡虫啉进行防治。

10. 如何防治枣芽象甲?

枣芽象甲属鞘翅目,象甲科(蠓甲科),又名枣飞象、小灰象、食芽象鼻虫等。虫口密度大时,可将枣芽全部吃光,造成二次萌芽并大幅度减产,甚至绝产,属发芽期枣树主要害虫。

(1)人工防治 该虫大发生时,在树下铺塑料膜,在早、晚气温较低时,振树摇枝或以木杆击枝使成虫落地,收集落地成虫集中杀死。也可在树干中、下部绑开口向下的塑料膜裙,裙下加一道含5%敌百虫粉的草绳,阻止并杀掉上树的成虫。

(2)化学防治 地面撒 3％辛硫磷颗粒剂,结合振树将落地成虫毒杀,可于此虫盛发期的早、晚间进行;在萌芽初期,结合枣尺蠖、绿盲蝽等防治树上喷药。可选 2.5％高效氯氟氰菊酯乳油 3 000 倍液,80％敌敌畏乳油 1 000～2 000 倍液,30％乙酰甲胺磷乳油 800～1 000 倍液,50％辛硫磷乳油 1 000 倍液。

11. 如何防治枣瘿蚊?

枣瘿蚊属双翅目,瘿蚊科,俗名卷叶蛆、枣苗蛆、枣芽蛆等。以幼虫为害嫩芽及幼叶,受害叶呈紫红色肿皱筒状,叶缘向上卷曲而不能展开,质硬易脆,幼虫在卷曲叶中取食,最终叶片变黑而干枯脱落,常影响枣头和枣吊生长,对幼树生长和成树结果损害大,属重要害虫。

每 667 平方米用 3％辛硫磷颗粒剂 2～3 千克,撒施于树盘内;结合防治盲椿象,用高效氯氰菊酯、毒死蜱、辛硫磷、敌敌畏、高效氯氟氰菊酯、阿维菌素、甲氰菊酯等药剂以及上述药剂的混配制剂防治。

12. 如何防治枣豹毒蛾?

枣豹毒蛾属鳞翅目,豹蠹蛾科,俗称"截干虫"。各枣区均有分布。以幼虫蛀食枣吊、枣头及 2 年生部分组织,形成脱吊、"截干"现象,严重影响树体正常发育。

(1)人工剪除虫枝 早春修剪时,剪除受害枝以消灭越冬虫态,并集中销毁。

(2)物理防治 利用黑光灯诱杀,于 6～7 月份成虫羽化期进行。

(3)生物防治 保护和利用好天敌资源。如小茧蜂、蚂蚁及鸟类等。

(4)化学防治 向蛀孔注入 80％敌敌畏乳油 200 倍液,用泥封口。树冠喷药可选用25％灭幼脲悬浮剂1500倍液或20％虫酰肼悬浮剂1000倍液喷雾防治。

13. 防治枣刺蛾的主要技术措施有哪些？

（1）人工防治　冬季摘虫茧，或将枝上虫茧打碎，或结合修剪把虫茧剪破。在此过程中，要注意保护被它的天敌所寄生的茧。其识别方法是，凡被天敌寄生的茧的顶部，有一个褐色的小洼坑。保护这些被天敌寄生的茧，是利用天敌抑制害虫的有效方法。刨树盘挖茧利用枣刺蛾在树下土中做茧越冬的习性，结合冬春刨树盘，也可控制枣刺蛾等刺蛾的为害。如能认真挖茧，可有效地控制枣刺蛾的发生。

（2）用黑光灯诱杀成虫　灯光诱杀可在成虫发生期实施。

（3）药剂防治　主要在幼虫为害盛期，可选用2.5％溴氰菊酯乳油或20％甲氰菊酯乳油2000～3000倍液进行防治。

14. 红蜘蛛对枣树有何为害？如何防治？

枣树红蜘蛛主要为害叶片，吸食叶绿素颗粒和细胞液，抑制光合作用，减少养分积累。严重时叶片枯黄、造成提早落叶、落果，影响产量和品质，严重的会造成二次发芽，影响翌年产量。

当红蜘蛛的发生量达到防治指标，即平均单叶虫卵量达到3粒时进行药剂防治效果最好。可选用以下药剂：三唑锡、哒螨灵（达螨尽、牵牛星、扫螨净）、浏阳霉素、阿维菌素等。

15. 枣瘿螨对枣树有何危害？如何防治？

枣瘿螨在树冠上分布比较均匀，多在叶背为害。枣树叶片受害初期，其基部及沿叶脉部位出现轻度的灰白色，随着虫口密度的增加，整个叶片极度灰白，叶片衰老，质地脆而厚，极易碎裂，并沿叶脉向页面卷曲，使叶片的光合速率明显降低，光合产物一般减少

1/2 左右,严重影响树体的生长和枣果的产量。发生严重时,一叶片上的瘿螨可达 100 多头,甚至 500 头以上,使叶片叶缘焦枯,提早落叶。花蕾及花受害后,逐渐变为褐色,干枯脱落。果实受害,一般多在梗洼及果肩部呈现银灰色锈斑,严重时果实凋萎脱落。

防治应在 5 月底 6 月初枣瘿螨发生为害的初盛期,集中防治;发生严重的年份,可于 8 月中下旬再防治 1 次。药剂防治可选用下列药剂:20% 三唑锡乳油 1 000 倍液、20% 四螨嗪 2 000 倍液、9.5% 喹螨醚乳油 2 000 倍液、2% 阿维菌素微囊悬浮剂 3 000 倍液、24.5% 阿维柴 1 500 倍液、20% 哒螨灵可湿性粉剂 3 000 倍液喷雾防治。

16. 桃小食心虫对枣树有何为害?如何防治?

桃小食心虫属鳞翅目,蛀果蛾科。又名桃蛀果蛾,简称"桃小"。以幼虫蛀入果内为害,虫粪留存在果内。为害严重时,虫果率可达 20%～80%,严重影响果品的产量和质量。早期受害果实出现提早着色、脱落,后期受害的枣果常留存至采收,混入无虫果中,虫果比例较大时,严重影响其商品价值和食用价值。

(1) 农业防治 挖虫茧、捡拾落果收集在密封容器中销毁。

(2) 生物防治 利用性诱剂诱杀雄成虫或利用桃小甲腹茧蜂寄生幼虫防治,利用活体微生物制剂如白僵菌制剂、Bt 乳剂和化学合成类农药混合应用。

(3) 化学防治 做好地面防治并根据测报进行树上防治。田间卵果率达 0.5%～1% 时为防治指标,采取树上喷药。药剂可选 25% 灭幼脲悬浮剂 1 500 倍液、2% 阿维菌素微囊悬浮剂 4 000 倍液、2.5% 高效氯氟氰菊酯 3 000 倍液、50% 氟虫脲乳油 1 000～2 000 倍液、20% 虫酰肼悬浮剂 1 000 倍液等,每隔 10～15 天 1 次,连喷 2～3 次。注意更换用药,以减少抗性。

17. 枣粉蚧对枣树有何为害？怎样防治？

枣粉蚧属同翅目，粉蚧科，俗名"树虱子"。以成虫和若虫刺吸枣枝和枣叶中的汁液，导致枝条干枯、叶片枯黄、树体衰亡，减产严重。该虫黏稠状分泌物常招致霉菌发生，使枝叶和果实变黑，如煤污状，也影响树势、枣果品质及产量。

(1)刮树皮 在冬季和早春期间，刮除树干、枝及枝叉处的老粗皮并集中烧毁，对全树喷涂 3～5 波美度的石硫合剂，或对主要枝干涂白。

(2)涂黏虫胶 于 4 月中旬末，对树干及各大骨干枝涂以 1～2 厘米宽的黏虫胶环，以阻止上树及集中越冬枝向非集中越冬枝转移为害，并黏死部分害虫。

(2)化学防治 用药时间应选在初孵若虫盛发期，一般在 5 月底至 6 月初、7 月上中旬、9 月上旬。所选药剂有：40%速扑蚧 800 倍液(提前 2 天应用)或杀蚧特乳油 800～1 000 倍液，80%敌敌畏乳油 1 000～1 200 倍液，30%乙酰甲胺磷乳油 500 倍液，7 月上中旬可用 25%喹硫磷乳油 1 000～1 500 倍液，7 月上中旬可用 25%喹硫磷乳油 1 000～1 500 倍液等药剂防治，为加强触杀效果，可混加拟除虫菊酯类如 10%氯氰菊酯乳油 1 500～2 000 倍液或 10%联苯菊酯乳油 2 000～4 000 倍液等。

18. 龟蜡蚧对枣树有何危害？如何防治？

龟蜡蚧壳虫属同翅目，蜡蚧科，又名日本龟蜡蚧，枣龟蜡蚧等。以雌成虫、若虫刺吸枣树枝、叶、果的汁液，其分泌物招致霉菌发生，枝叶染黑，形成"污霉"，导致光合作用受阻，树势重者造成死枝死树。

人工刷除虫源；保护和利用天敌资源；也可选用下列药剂进行防治：4%蚜虱速克乳油 2 000 倍液＋3%啶虫脒乳油 3 000 倍液；

40％速扑杀乳油 1 000 倍液＋80％敌敌畏乳油 1 500 倍液；50％马拉硫磷乳油 1 500 倍液＋95％蚧螨灵乳油 1 500 倍液；40％毒死蜱微囊悬浮剂 1 500 倍液＋80％敌敌畏乳油 1 500 倍液；24％万灵乳油 3 000 倍液＋9.5％喹螨醚乳油 1 500 倍液。

19. 跳甲对枣树有何危害？如何防治？

跳甲成虫取食叶片出现密集的椭圆形小孔，受害叶片老而带苦味；幼虫在土中为害根部，咬食主根或支根的皮层，形成不规则的条状疤痕，也可咬断须根，使幼苗地上部分萎蔫而死。由于成虫喜食幼嫩植物，幼虫还可传播多种病菌。

根据跳甲的生物学特性，防治对策应以农业防治为主，压低虫源基数，再辅以必要药剂防治。

(1)农业防治　要避免栽种十字花科蔬菜，行间更不能连作青菜；耕翻晒垄，待表土晒白后再播种蔬菜。

(2)化学防治　一是土壤处理，每 667 平方米均匀撒施 3％辛硫磷颗粒剂 2～3 千克，可杀死幼虫和蛹，持效期在 20 天以上；二是用 80％敌敌畏乳油或 90％晶体敌百虫每 667 平方米 50 克对水 50 升喷雾，也可用 40％氰戊菊酯乳油 1 500 倍液，或 25％杀虫双水剂 1 000 倍液喷雾。

(3)生物防治　利用斯氏线虫科的 A24 品系及异小线虫科的 86H-1 具有很高的寄生率。

20. 甜菜叶蛾对枣树有何危害？如何防治？

甜菜夜蛾又名玉米夜蛾，俗称"青虫"，属鳞翅目夜蛾科，食性杂。甜菜夜蛾主要以幼虫取食叶片为主，初孵幼虫群集叶背，结网取食叶肉，只留下表皮，形成透明的小孔，三龄后即分散为害，可将叶片吃成缺刻，严重时仅余叶脉和叶柄。

铲除杂草，灌溉中耕，减少虫源；利用趋性，用黑光灯诱杀成虫;人工采摘卵块或捕捉低龄幼虫;施药应抓紧在幼虫三龄前,选用新型药剂,轮换使用。供选药剂有:10%虫螨腈悬浮剂1 000倍液;20%虫酰肼悬浮剂1 000倍液;5%氯啶脲乳油1 000～2 000倍液;15%安打悬浮剂3 500～4 500倍液;5%氟虫脲乳油2 000倍液。根据甜菜夜蛾夜晚取食为害的特点,施药最好选择在下午接近傍晚的时间,药效较好。

21. 蓟马对枣树有何危害? 如何防治?

成虫、若虫为害新梢、叶片和幼果。受害叶片出现水渍状失绿黄色小斑点。一般叶尖、叶缘受害最重。严重时新梢的延长受到抑制,叶片变小,卷曲成杯状或畸形,甚至干枯,有时还出现穿孔。受害的幼果,初期在果面形成小黑斑,随着幼果的增大而变成不同形状的木栓化褐色锈斑,影响果实外观,降低商品价值,严重时会裂果。

(1)生物防治 天敌小花蝽和姬猎蝽,对蓟马发生量有一定抑制作用,应注意保护利用;

(2)农业防治 早春清除田间杂草和残株落叶;

(3)药剂防治 受害初期,喷施50%敌敌畏乳油或50%马拉硫磷乳油、50%杀螟松乳油、40%氧化乐果乳油1 000倍液或25%杀灭菊酯乳油3 000倍液防治。也可在9～10月份和早春集中为害时进行药剂防治,消灭虫源。

22. 金龟子类害虫对枣树有何危害? 如何防治?

金龟子属鞘翅目,金龟子科。俗名"瞎碰",其幼虫称蛴螬,是地下害虫,属枣树重要害虫,也为害多种林木及作物。食性杂,食量大,以成虫取食叶片、花等。对枣树的生长和结果威胁较大。

(1)农业物理防治 成虫大发生期傍晚,利用人工振树与枣园外灯光诱杀结合的办法捕杀成虫。

（2）化学防治　成虫初发期，对虫口密度大的枣园树盘内喷施2.5％敌百虫粉或3％辛硫磷颗粒剂，浅锄拌匀，可杀死出土成虫；发生盛期可在天黑前，树上喷施80％敌敌畏乳油1 000～1 200倍液，加入10％氯氰菊酯乳油2 000倍液，7～10天再喷1次（避开花期），可控制为害。

23. 蚱蝉对枣树有何危害？如何防治？

蚱蝉属同翅目，蝉科，又名黑蝉、知了。其若虫在地下吸食植株汁液，成虫除刺吸汁液外，在产卵时刺伤枝条表皮，造成枝条严重失水，引起干枯甚至死亡。尤其对苗圃和当年新栽植的幼树为害严重。

该虫以卵和若虫越冬。卵在翌年6月份孵化，若虫入土后，以植物根系为食料，一直生活在土层内。若虫于6～7月份傍晚纷纷出土，尤其在雨后第二天出土较多。出土的若虫爬到树上，当晚蜕皮羽化成成虫。成虫刺吸嫩枝或枣果的汁液。成虫善飞，寿命60天左右。7月下旬至8月上旬为交尾产卵盛期。雌虫产卵时，喜欢在新生的枣头一次枝距顶端约25厘米处，用产卵器倾斜在枝条上划一道口，深达木质部。每次产卵5～7粒，排列整齐，产卵后接着再开一个斜口卵穴，每枝产卵100粒左右。尚未木质化的枣头，由于连接多处韧皮部、导管被切断，使正常的输导作用不能进行而枯死。

其主要防治方法为：人工灭卵，采枣前人工剪掉已枯凋有蝉卵的枝条，集中焚烧。捕杀若虫，雨后在树干上捕杀出土的若虫。点火灭虫，成虫发生期，夜间在枣树附近点火，并摇动树体，成虫即飞入火中烧死，也可用黑光灯诱杀。结合防治桃小食心虫，兼治蚱蝉。

24. 星天牛对枣树有何危害？如何防治？

星天牛属鞘翅目，天牛科，又名水牛角。该虫以幼虫蛀食主干、主枝或根，造成树势衰退，部分枝条枯死甚至整株死亡。成虫则为害嫩叶及新生枝条。

该虫以幼虫在树干基部或主根虫道内越冬。成虫5月上旬开始羽化，6月上旬至羽化盛期。成虫羽化后，在蛹室内停留5～8天后，才在树上咬开羽化孔，缓缓爬出，顺树干攀缓而上，吸取嫩叶和树皮。强光高温时，午间休息，此时成虫在树干基部背阴处静止不动，傍晚上树交尾，交尾1周后产卵，多在夜间产卵，卵多产于距地面10～20厘米的树干上，每穴产1卵，1头雌虫产卵可达70多粒。6月下旬为产卵盛期，产卵期约30天，卵期9～15天，成虫寿命25～60天。幼虫孵化后，先以韧皮部为食，生活在皮层与木质部之间，多横向为害。2龄后向木质部取食，紧贴韧皮部，为害木质部，但不直接钻进树干横向深处。在距地面5～10厘米处将枣树老皮咬一洞，作为通气、排粪孔。以后向地下部分为害，虫道多为开放式，横向面为"C"字形，即一侧同树皮相连。老熟幼虫在11～12月份开始越冬，翌年春化蛹，幼虫期10个多月，蛹期约30天。

防治可采用捕、剜、灌、钩、塞等措施。

(1)捕　利用成虫午休习性，在12～15时人工捕捉。

(2)剜　成虫在枣树距地面60厘米以下部位产卵，可根据卵形穴及褐色出粪渣道，用小刀或螺丝刀人工剜卵和幼虫。

(3)灌　当剜幼虫不及时，幼虫蛀入主根，可先把地上部横向虫道剜出纵向虫道，再用药液灌之，幼虫接触药液即死亡。

(4)钩　对钻进树干较深的幼虫，除灌药外，还可用带钩的铁丝，沿虫道捅死或钩出幼虫。

(5)塞　用熟红薯加1%杀灭菊酯乳油及少量面粉拌成面泥，塞紧排气口。幼虫感觉空气不畅，会咬开堵塞物而中毒死亡。

25. 灰暗斑螟对枣树有何为害？怎样防治？

灰暗斑螟属鳞翅目螟蛾科，俗称枣树甲口虫。以幼虫为害枣树甲口和其他寄主伤口,造成甲口不能完全愈合或全部断离,被害树树势迅速转弱,枝条干枯,枣果产量和品质显著下降,重者 1～2 年整株死亡。该虫食性较杂,可为害多种林木。开甲的枣树受害最重,被害株率为 61.4%～76.3%,年平均死亡株率为 0.36%～0.54%。

防治关键期是 5 月上旬第一代卵及幼虫为害期、6 月下旬至 7 月中旬、第二代和第三代幼虫为害甲口期。一是刮皮喷药减少越冬虫源,二是甲口及树干涂 48%毒死蜱乳油 400 倍液等杀虫剂。

26. 枣树主要病害有哪些?

枣树病害根据其危害的对象可分为:

(1)**叶部病害** 枣锈病、枣焦叶病、枣叶斑点病、煤污病、细菌性疮痂病等。

(2)**果实病害** 细菌性缩果病、枣果斑点病、炭疽病、轮纹病、霉烂病等。

(3)**枝干病害** 干腐病、红皮病等。

(4)**根部病害** 根癌病、根腐病。

(5)**整株病害** 枣疯病。

(6)**生理性病害** 缺铁黄叶病、缺硼缩果病、缺钙裂果病等。

27. 枣树烂根病有哪些症状和规律?

枣树烂根病即枣苗茎腐病,枣树实生苗及归圃苗的幼苗均有发生。其症状为:枣苗生长至 3～10 片叶时,茎及叶片呈现淡黄色,进而变苍白、枯萎死亡,但枯叶不落。挖土观察根茎部,其主茎皮层有黑褐色腐烂,木质部及髓部均已坏死,输导组织中断,苗木枯死,有的根部已腐烂。

该病在全国各地均有分布,除危害枣树外,还危害松、柏、刺槐和银杏等针、阔叶树种,以及农作物与蔬菜等。枣苗烂根病的病原菌属菜豆科球壳孢菌,是一种弱寄生菌。该菌平时在土壤中营腐生生活,以菌核和菌丝在病苗残体或土壤中越冬,喜高温、高湿环境。枣苗烂根病一般在5月初发生,6月中旬为发病盛期,7月上旬停止发病。

28. 怎样防治枣树苗烂根病?

第一,要提高土壤肥力,选择强壮苗木定植,提高枣苗的抗病能力。

第二,严格苗木的检查和消毒处理,在苗木出圃时,若发现病株应及时除掉。苗木栽植前可用1%硫酸铜溶液浸根5分钟、再用清水冲洗,以防药害,或用氟哌酸600倍液消毒。

第三,病株周围土壤用1 000倍天达诺杀药液灌土消毒。轻病株可切除病瘤,用百痢停1 000倍液消毒。或用0.1%百痢停药液消毒后,涂波尔多液保护伤口。

第四,发现病株,应挖沟隔离,以防止病菌向周围扩展。对病根要及时切除并烧毁,伤口消毒后,再涂波尔多液保护。病株周围的土壤可用二硫化碳浇灌处理。这样,既能消毒土壤,又能促进绿色木霉的大量繁殖,病菌被木霉侵染后会导致弱化,从而起到抑制蜜环菌滋生的作用。

第五,在枣树萌芽期对苗床普遍喷施配方为1:1:200的波尔多液;或用77%氢氧化铜可湿性微粒剂800~1 000倍液,对土壤进行消毒。

29. 什么是枣树缺铁黄叶病?

枣树在生长季节中,由于缺少某种微量元素,或者因土壤内的某些微量元素不能被枣树有效吸收,植株表现出某些发育不良的现象。某些缺素症常引起树叶变黄,如缺氮、缺铁等。枣树缺铁在叶片上的典型表现症状是,叶片为黄绿色或黄白色,而叶脉仍为绿色,严重时顶端叶片焦枯。缺铁症状以幼龄树和大树的新梢部位最突出。就土壤类型而言,枣树出现缺铁现象,以石灰性土壤和盐渍土壤上的枣园最重。

形成缺铁的主要原因是土壤内的碳酸钙含量多,土壤的 pH 过高,土壤中的铁元素多呈不溶状态。植物是以吸收二价铁为主的,对呈不溶状态的铁离子难以吸收,或吸收后在树体内运转受阻,从而引起缺铁的现象。另外,某些营养元素过剩,也会因离子间的拮抗而表现出缺铁症状。

30. 斑点病对枣树生产有何危害? 有哪些症状?

枣树斑点病群众俗称黑斑病、褐斑病,是一种危害果实的重要病害。斑点病的危害,对枣树的产量和品质影响极大。据近几年的观察研究,枣树斑点病的严重流行,能使红枣减产 20%~40%,形成的残次果有的占到 60% 以上,直接降低了枣果的经济效益。枣果斑点病的发病点是炭疽病、轮纹病等病害的侵染点,对后期烂果性病害的流行,有着不可忽视的作用。所以,做好枣树斑点病的防治,是增加红枣产量,提高枣果品质的重要措施之一。

斑点病自果实豆粒大小就可侵染。初侵染时果表面出现针尖大小的浅色至白色突起,后迅速变大,后形成各种形状不一的病斑。随着果实的发育及病害的侵染,可引起烂果、落果。可分 4 个类型:即红褐型、灰褐型、干腐型和开放性疮痂型。

31. 引发枣果斑点病的主要原因有哪些?

侵染点与刺吸式口器害虫有关,如盲椿象等。枣树发芽至幼果期(5 月下旬至 7 月上旬)雨水偏大,土壤含水量过高,易造成本病流行。开甲过度,甲口愈合晚,造成树势衰弱、特别是树叶发黄,生长出现衰败的枣树发病重,幼果发病期表现较突出。幼果期,生殖生长趋势明显,树势壮而不旺的枣树发病轻。通过调查研究,春季追肥与其发病有一定的关系,特别是大量、频繁的使用尿素和磷酸二铵,导致土壤养分失衡,是助长该病害加重的因素之一。

32. 防治枣树斑点病有哪些具体措施?

根据枣树斑点病的侵染特点和发生规律,要认真贯彻"预防为主,综合防治"的植保工作方针,综合运用农业的、物理的、化学的防治措施,从健康栽培入手,努力培养树势,提高枣树的抗病能力,配合有效的药物,要病虫并举,特别要重视控制盲椿象的发生与为害,抓住有力的防治时机,积极开展防治工作。

(1)培肥地力,改良土壤 努力提高土壤有机质含量,增加有机肥料和钾肥的使用量,特别是杜绝和减少速效化肥的施用,从长远着想,创造适宜枣树生长发育的良好环境;尤其是花前肥杜绝单独施用尿素、磷酸二铵等纯速效氮磷肥料,充分协调营养生长与生殖生长的关系,努力创造不利于病害发生的条件。

(2)注意适时浇水 提早使用花前水,不仅可以满足枣树的坐果需要,还能降低花期病害的侵染程度,花期和幼果期是枣树斑点病和细菌性疮痂病的发病高峰期,要特别注意避免花期和坐果期用水,降低发病高峰期的土壤湿度,努力创造不利于病害发生的环境条件。

(3)化学防治措施 一是抓好春季芽前关,做好越冬病虫害防治,压低菌源基数(清扫枣园枯枝落叶、剪除病虫死枝、刮除树干上的老翘皮);二是芽萌动前(3月底至4月初)对树体喷布3~5波美度石硫合剂1次;三是4月下旬首先对园田及周围环境喷药防治盲椿象、蓟马等害虫。可选择以下药剂:90%杜邦万灵乳油1 500~2 500倍液、40%毒死蜱微囊悬浮剂1 500倍液、2.5%高效氯氟氰菊酯乳油2 000倍液、50%辛硫磷乳油1 500倍液等;四是病害发生时期的防治要根据病害的发生规律,第一次用药应抓住开花前的有利时机重点防治。有效药剂为氟硅唑、过氧乙酸类药物等。以后的用药应根据田间具体情况每隔 10 天左右用药 1 次。

33. 枣铁皮病是什么病害？怎样防治？

枣铁皮病是枣果实上的一种病害，因在发病时病斑呈黄褐色，犹如铁锈色，故名"铁皮病"。在一些品种上，发病后期果实失水皱缩，故称缩果病。一般年份病果率在 10%～50%，严重的达 90% 以上，导致绝收。

(1)主要症状　一般在果实白熟期开始出现症状，初期于枣果中部至肩部出现水浸状黄褐色不规则病斑，病斑不断扩大，并向果肉深处发展，病部果肉变为黄褐色，味变苦。病果极易脱落，失去食用价值。该病发病迅速，常表现为突发性和暴发性，尤其是在果实白熟期遇雨后的 3～5 天内，病情会突然加重。

(2)越冬场所和发病规律　枣铁皮病的病原菌主要在枣股、树皮、枣枝及落叶、落果、落吊上越冬。自花期开始侵染，8 月下旬至 9 月上旬为发病高峰期。

(3)防治方法　①清除田间落果落叶，搞好园内卫生；②早春刮树皮，集口烧毁；③早春刮完树皮后，于萌芽前喷 3～5 波美度石硫合剂；④从 6 月中旬开始，每隔 10～15 天喷 1 次杀菌剂，可选用易保 1 500 倍液、万兴 3 000 倍液、凯润 5 000 倍液等。

34. 枣树干腐病的发病原因有哪些？

枣树抗寒性较差，晚秋气温过低或春季春寒严重，特别是在晚秋枣树养分回流期间或早春植株液流活动后遭遇低温冷害，尤其是突如其来的寒流侵袭，会导致受冻害的枝干部位失去生命活力或者生命活力减弱，致使病菌从表皮侵入，损伤韧皮部，导致系统发病，引起组织坏死。一旦细菌或真菌侵染，易发生枝干腐烂病，又称干腐病、泡斑。

枣树发生干腐病时，表皮颜色变红、变软，发病部位稍隆起，失水后则干腐,表皮红褐色或黄褐色,韧皮部失去生命活力,造成树势衰弱、落叶、落花、落果,有的导致同侧枝条死亡。发生严重的环树干一周韧皮部全部死亡,风干后与木质部分离,导致整株死亡。枣树冻害及由此引发的枝干腐烂病,对生产的影响很大,发生严重的年份,往往出现成片死枝、死树现象。

35. 怎样防治枣树干腐病?

(1)提倡健康栽培 枣树生长后期,尤其在晚秋,应减少化肥,特别是氮肥的使用量,以降低树体营养生长过旺的现象,便于树体养分的回流积累,使枣树越冬前能够正常落叶,较好地完成后期的养分回流,努力提高树势和抵抗自然灾害的能力。

(2)冬季树体涂抹天达 2116 于晚秋和早春寒流来临以前,用天达-2116 涂干,可提高树体的抗寒能力,防止冻害的发生。2006 年,沾化下河青城村李胜田的枣园,早春发生了严重的冻害,枝干韧皮部大部分变色,树势严重衰弱,用 200 倍液天达-2116 连续涂抹 2 次,结果树势迅速得到恢复。其使用的配方为:200 倍液天达-2116+保树壮 30 倍+高效渗透剂(助杀灵)1 000 倍液,搅拌均匀,涂抹树干。

(3)休眠期树冠喷雾防止冻害 冬枣树冻害常发期一般在晚秋、冬季和早春,于冻害发生前全树喷布 600 倍液天达-2116,可以大大减少冻害发生几率。

(4)枣树发病期涂药防治 可用 30%过氧乙酸 4~6 倍液深干防治。

36. 轮纹病对枣树有何危害? 如何防治?

枣果染病后在前期较少发病,着色后、采收期及贮藏期,均可发病。染病初期以皮孔为主出现浅褐色小病斑,后扩大为红棕色大病斑,呈规则的圆斑。病部果肉组织浆烂,有酸臭味但无苦味,最后全果腐烂易脱落。目前,各枣区均有分布,是枣区重要病害之一,一旦发病则不易控制。

提倡健康栽培,培育强壮树势,增加树体的抗病能力;从幼果期开始,注意刺吸类口器害虫及斑点病的防治;药剂防治时可选用下列药剂:杜邦万兴、易保、氟硅唑、代森锰锌、碱式硫酸铜和氢氧化铜等。

37. 炭疽病对枣树有何危害？如何防治？

染病果实先出现红褐色斑点,之后病斑渐大,周围伴有淡黄色晕环,最后病斑颜色变为黑褐色,稍凹陷,但再扩大发展缓慢,病斑形状多样化,有圆形、椭圆形和梭形等。病斑里面的果肉由绿渐变褐色,坏死,呈黑色或黑褐色。枣果一般不脱落,但在后期或病斑较多时往往易腐烂而脱落,少数干缩为僵果挂在树上。

秋冬季节认真清园,降低菌源基数,改掉以刺槐做枣园防护林的做法;做好刺吸式、锉吸式口器害虫(如盲椿象、蓟马等)的防治工作;药物防治时可用安泰生乳油1 000倍液、猛杀生乳油600倍液、易保乳油1 500倍液液、氟硅唑乳油2 000倍液、万兴乳油3 000倍加天达裕丰乳油3 000倍液喷雾防治;也可结合防治锈病用其他唑类杀菌剂进行防治。

38. 枣缩果病对枣树有何危害？如何防治？

枣缩果病又名萎蔫病,是我国枣区的重要病害之一。被侵害的果实发病症状有晕环、水渍、着色、萎蔫、脱落等几个阶段。首先在果肩或脐部出现黄褐色不规则变色斑,后果皮出现水渍状土黄色斑,边缘不清。后期果皮变为暗红色,收缩,无光泽。果肉病区由外向内出现褐色斑,颜色土黄,组织松软,味道苦涩,不堪食用。果柄变为褐色或黑褐色,整个病果个体瘦小,于成熟前脱落。

加强农业栽培措施,提倡健康栽培;做好害虫防治工作,杜绝传播途径。对椿象类、叶蝉类等刺吸式口器害虫重点防治；也可在6月下旬、7月中旬和8月中旬喷布杀菌剂。可选用农用链霉素、杀菌优、细菌病剂、易保、腈菌唑、农抗751、代森锌、叶枯宁、溴菌腈、加瑞农等。生理性缩果主要是由于缺硼造成的，生长季节可喷布0.5%硼砂或钙硼双补溶液，每隔10～15天喷1次。

39. 细菌性疮痂病对枣树有何危害？如何防治？

细菌性疮痂病又叫溃疡病，是一种流行性细菌病害，可危害枣树的枣头、枣吊和叶片，造成枣头发黑干缩，枣吊劈裂，叶片脱落，最终导致花蕾不能形成或脱落，严重影响枣树的坐果率。近几年，该病在各枣区发生非常严重，已成为红枣产业的大敌。

枣头发病，常使枣头弯曲，后期形成干裂的疤痕；叶片发病，初期在叶脉上出现浅褐色病斑，并伴有脓泡出现，后期逐渐干枯，叶片随之脱落；枣吊发病时，常出现纵裂，后大量落叶。

要贯彻"预防为主，综合防治"的方针，从健康栽培入手，增强树势，并配合有效药物，抓住防治关键期，以抓好盲椿象等刺吸式口器害虫的防治为重点，结合使用防治细菌性病害的药剂，严密防治。

由于长期使用农用链霉素，导致病菌产生抗药性。目前，已由原来的每桶水100万～140万单位，提高到500万～600万单位，个别地方已达到1000万单位，仍效果不好。因此，要及时更换新的农药类型，才能取得较好的防治效果，可用细3%中生菌素、代森锌等代替。集中配药期在5～6月份。

5月份全园喷布万灵乳油1500倍液＋易保乳油1500倍液；6月份（初花期、幼果期）全园喷布3%啶虫脒乳油3000倍液＋3%中生菌素600倍液。

40. 枣锈病对枣树有什么危害？

枣锈病是一种危害枣树叶片的真菌性病害，属担子菌纲、锈菌目、锈菌属中的枣层锈菌,对枣树叶片危害极大。枣树受害后,于7月底开始出现落叶,8月份会形成大面积落叶,严重地块,叶片全部落尽,枣果不能正常成熟,且出现二次发芽现象,树势严重衰弱,抗寒、抗旱、抗病虫能力下降。因枣锈病引起早期落叶的枣树,冬春常发生冻害,干腐病、红皮病严重,翌年树势很弱,叶片黄化,成花能力差,坐果率低,甚至烂根、死亡,最终导致死树。

41. 枣锈病的发生和流行需要哪些条件?

树势弱、病原基数大、高温高湿天气是枣锈病发病流行的条件。进入6~7月份,雨水多,湿度高,夏孢子即发芽,病菌首先从叶片的背面气孔侵入,至7月底、8月初便可见到落叶,到8月中下旬叶片大量脱落。发病的早晚与轻重,与当年的降雨量、温湿度关系很大。树冠郁闭、树干矮、通风透光不良,发病早且重。发病时,先从树冠下部、中部开始,逐步向顶部扩展,最后病叶遍及全树,引起大面积落叶。

42. 枣锈病的防治原则有哪些?

枣锈病是真菌性病害,其发生和危害有4个条件,即病原菌数量;树势抗性差;7~8月份高湿天气;防治措施不及时、不到位。枣锈病的发生和蔓延经历4个阶段,即病菌侵染期、病菌潜伏期、发病期和病菌孢子扩散传播期。要有效控制枣锈病的发生和危害,一要加强土肥水管理,增强树势和树体的抗病能力;二要早防早治、全面防治。在这一点上,选择有效药剂至关重要,喷药细致、周到、严密是提高防治效果的关键,无论是结果园、未结果园,还是苗圃地,都要严密喷药防治,药剂量要达到规定的标准要求。

43. 如何提高枣锈病药剂防治效果?

防治枣锈病,要坚持预防为主,综合防治的方针,尤其在6月底至 7 月初,是该病侵染高峰期,应注意此期用药,严格用药配方、用药时间、用药剂量,坚持定期用药,保持用药的连续性。同时,喷药应严密、周到、细致,树上、树下及枣园周围全面喷药,特别强调用药液量必须达到标准要求,一般 3～4 年生枣树,每桶药液(15升)防治不能超过 20 株;5～6 年生枣树,每桶药液不得超过 15株;7 年生以上枣树,每桶药液不得超过 10 株。苗木及未结果树也要统一防治 1～2 次。

总之,枣锈病是枣树上的重要病害之一,能否得到有效的控制,关键在于早期预防,尤其要抓住 6 月底至 7 月初这一关键期,全面发动,统一防治,群防群治,严格控制该病的发生和流行,以确保枣树丰产丰收。

44. 采取哪些措施才能有效地控制枣锈病的发生和蔓延?

清除枝干上的老皮,捡拾落地枝叶、杂草集中深埋或销毁;于枣锈病发病初期,连喷 2～3 遍杀菌剂。喷药时,要严密、周到、细致,树上、地面及枣园四周一起喷,提倡统一喷药,群防群治;严格控制氮肥,避免枝叶徒长,清理裙枝、内膛过密枝,拉枝通风透光,及时排水、降低湿度;加强叶面喷肥,提高树体营养水平,增强树势。

45. 枣疯病对枣树有何危害?

枣疯病危害枣树时,主要表现是花器返祖和芽的多次萌发生长,导致枝叶丛生呈疯枝状,染病后,花的各部分大多数变为叶片或枝条,花梗延长,一般为 6～15 毫米。花萼部位轮生 5 个小叶片,长 3～11 毫米,宽 2～8 毫米。花瓣变成小叶。开花期此症明显,至后期即脱落。雄蕊变成小叶或枝条,雌蕊消失或变成一个小枣头。花器变成的小枝基部腋芽又往往萌生小枝条。发病枝条的正芽、副芽同时萌发,而萌发枝条上的正、副芽又多次萌发,枝条纤细,节间缩短,叶片缩小,形成丛枝状,且入冬不易脱落。已染病的叶片黄化,黄绿相间,叶片主脉可延伸形成耳形叶,叶小而脆,秋季干枯,枣果不落;棘刺可变成托叶形。枣吊可延长生长,叶片变小,有明脉。病树因花变叶,一般不结枣。但在开花期尚未显病的枝上往往还能结枣。因此,同一病株上的病枣大小差别很大,着色参差不齐,呈花脸状,果面凹凸不平,果肉疏松,失去食用价值。严重的病果干缩,变黑早落。根系病变后,萌生的根蘖也呈稠密的丛枝状,后期根皮块状腐朽,易与木质部分离脱落。

46. 怎样防治枣疯病?

(1)压低病源 新病区可在春、秋季彻底刨除病树,病蘖则随见随刨,以防蔓延。刨树时,注意将大根刨净,以免再发生病根蘖。重病区连续数年刨除病株,可基本上抑制病害蔓延扩展。在刨除病树同时,应及时补植小树,以弥补产量损失。有的地区对初发病的病枝采取及时剪除的办法以减少病源,未发病枝条则保留结果,待无结果能力时再行全株刨除。

(2)健株育苗 挖取根蘖苗时应严格选择,避免从病株上取根蘖苗;嫁接时采用无病的砧木和接穗。

(3)加强树体管理 提高树体防病能力。

(4)除治传病媒介 一般可在 4 月中下旬枣树萌芽时,喷布48%毒死蜱乳油1 500 倍液,防治中国拟菱纹叶蝉等初龄幼虫;5月中旬花期前喷布 10%氯氰菊酯乳油 2 000 倍液,防治第一代若虫,兼治凹缘菱纹叶蝉;6 月下旬枣盛花期后,喷布 80%敌敌畏乳油 2 000 倍液,防治第一代成虫,7 月中旬喷布 20%甲氰菊酯乳油2 000 倍液。

47. 怎样防治枣煤污病?

枣煤污病又称黑叶病,枣树感病后影响枣树的生长和结实,降低枣的产量。该病除侵害枣树外,还侵害毛白杨、少兰杨、柳树、榆树、槐树等林木。枣煤污病主要侵害枣树的叶片和枝条。枣树感病后在叶片表面和枝条、叶柄上产生暗褐色小霉斑,后扩大布满一层黑色的煤粉状物。感病后影响光合作用。煤粉状物有时可剥落或被暴雨冲刷掉。

该病的病原菌以菌丝体在病叶、病枝上越冬。借龟蜡介壳虫及风雨传播。6月间龟蜡介壳虫的幼虫大量发生后,病菌以龟蜡蚧排泄出的黏液和枣树分泌物为营养大量繁殖,诱发煤污病。4月下旬至9月上中旬,龟蜡介壳虫为害盛期发病重,枣园郁闭密不透风及高温、高湿有利于此病的发生。

防治方法为:秋季清扫落叶,结合施肥集中深埋,减少病源;加强综合管理,增施有机肥料,科学使用药剂,提高树体抗病性能;注意消灭龟蜡介壳虫。发芽前喷洒50波美度石硫合剂,消灭越冬若虫;4月上中旬虫卵孵化盛期,树体细致喷洒2%阿维菌素乳油3 000~4 000倍液,消灭初孵化若虫;保护利用天敌。5~6月份是龟蜡介壳虫寄生蜂的羽化期,避免喷洒杀虫药,保护天敌。

48. 怎样防治枣霉烂病?

常发生的霉烂病有枣软腐病、枣红粉病、枣曲霉病、枣青霉病、枣木霉病。在采收期、加工期和贮藏期,常有大批枣果发生霉烂,不堪食用,造成很大损失。

(1)枣软腐病 枣果实受害后,果肉发软、变褐、有霉酸味。病果面上长出白色丝状物,后在白色丝状物上长出许多大头针状的小黑点,即为病菌的菌丝体、孢囊梗及孢子囊。

其病原为分枝根霉菌。菌丝发达有分枝,分布于果实的内外,有匍匐丝与假根。孢囊梗从匍匐丝上产生,与假根对生,顶端产生孢子囊。孢子囊球形,其内产生大量孢囊孢子,有囊轴。孢子囊的壁易破裂。孢囊孢子球形或近球形,表面有饰纹。

(2)枣红粉病 在受害果实上有粉红色霉层,即为病原菌的分生孢子和菌丝体的聚集物。果肉腐烂,有霉酸味。

其病原为半知菌亚门、红粉孢子单个地向下陆续形成,聚集成团,孢子双胞,无色,鞋底形,长 12～18 微米×8～10 微米,下端有着生痕。

(3)枣曲霉病 受害果实表面生有褐色或黑色针状物,即为曲霉菌的孢子穗。霉烂的果实有霉酸味。其病原为半知菌亚门、黑曲霉。病菌的分生孢子梗直立,顶端膨大,上面长出放射状排列的小梗,小梗两层,顶端串生球形、褐色的分生孢子,分生孢子直径 2.5～4 微米。

(4)枣青霉病 受害果实变软、果肉变褐、味苦,病果表面生有灰绿色霉层,即为病原菌的分生孢子串的聚集物,边缘白色,即为菌丝层。病原为半知菌亚门、青霉菌。分生孢子梗直立,顶端一至多次分枝成扫帚状,分枝上长出瓶状小梗,其顶端着生成串的分生孢子,近球形。

(5)枣木霉病 果实受害后,组织变褐、变软。病果表面生长深绿色的霉状物,即为病原菌的分生孢子团。病原为半知菌亚门、绿木霉。分生孢子梗有隔膜,直径 2.5～3.5 微米,宽 2.2～3.9 微米。此菌能形成强有力的抗生素。抗生素对许多植物病原菌,特别对土壤传染的病原菌有抗生作用,尤其是丝核菌,用适当方法进行土壤接种即有防治某些病害的实效。

主要防治方法为:采收时应防止损伤,减少病菌侵入的机会;对于晒干品种,将采收的果实用炕烘法及时处理,可减少霉烂;果实应放在通风的低温处贮存,贮存前要剔除伤果、虫果、病果,注意防止潮湿。

49. 为什么枣果常出现裂果现象? 如何防治?

裂果是我国目前枣树生产中存在的严重问题之一,一般年份因裂果造成产量的损失在 30% 左右,严重年份在 60% 以上,有些枣产区甚至出现绝收。降雨是引起枣裂果的最直接的外部因素,降雨量越大,持续时间越长,裂果就越严重。不同品种抗裂果能力不同,抗裂果品种有长红、柳林木枣、小枣、束鹿婆枣、大荔龙枣、端子枣、官滩枣、婆婆枣、糠头枣和小算盘等。易裂品种有冬枣、壶瓶枣、梨枣、金丝小枣、相枣、无头枣和婆枣等。果实含糖量、果实结构、果实内部激素含量与裂果有关,果实含糖量越高越易裂果;果皮越薄,果肉细胞越大越易裂果。目前,生产上还没有经济有效的防治裂果的方法。初步研究结果表明,在果实发育期,每隔 2 周喷 1 次 B_9 或 GA_3,可以降低裂果率,但防治裂果的根本出路在于选育、引种抗裂品种。在多雨地区栽培枣树时应注意这个问题。

50. 枣园可用哪些除草剂?

枣园使用除草剂时,要进行定向喷雾,绝对不能喷到树冠上,以免发生药害。枣园常用除草剂有:

(1)百草枯 主要防治 1~2 年生杂草,以杂草 3 叶期防治效果最佳。但对多年生深根性杂草只能杀死地上绿色茎叶部分,不能毒杀地下根茎。使用方法为:每 15 升水加 20% 百草枯水剂 50~80 毫升,均匀喷洒杂草茎叶。阳光充足,气温越高,越有利于发挥药效。

(2)草甘膦 草甘膦为灭生性除草剂,可铲除多年生杂草,特别对深根性的恶性杂草如白茅、狗牙根、香附子、芦苇、铺地黍等均有良好的防治效果。使用方法为:41% 草甘膦水剂 125 毫升加水 15 升,再加 0.2% 中性洗衣粉,均匀喷洒到杂草茎叶上,也可用 1 份药加 1~1.5 份水,涂抹到杂草茎叶上。

(3)48%氟乐灵乳油 氟乐灵适用于干旱枣园,可防除 1 年生禾本科杂草及种子繁殖的多年生杂草,如稗草、牛筋草和马齿苋等,但对芦苇、白茅、香附子、狗牙根、蓟和苍耳等基本无效。在使用氟乐灵时应混土,以防药剂挥发。

(4)10%喹禾灵乳油 喹禾灵可防除单子叶杂草,如稗草、牛筋草、马唐、狗尾草等。提高剂量时对狗牙根、白茅、芦苇等多年生杂草也有效。使用方法为:10%喹禾灵 40～50 毫升加水 15 升喷洒到杂草茎叶。

51. 常用除草剂分为哪些类型?

(1)根据除草剂的成分分类

①无机除草剂 由无机物制成的除草剂,因高度、高残留,现已被淘汰,如氯酸钠等。

②有机除草剂 由人工合成的有机化合物制成的除草剂。根据化学成分又可分为:苯氧羧酸类如禾草灵;苯甲酸类如麦草畏等;酚类如五氯酚钠;二苯醚类如除草醚;苯胺类如杀草胺;酰胺类如都尔;氨基甲酸酯类如丁草特;取代脲类如伏草隆;三氮苯类如扑草净;有机杂环类如盖草能等。

③混合除草剂 由两种或两种以上成分复配而成的除草剂,如禾田净。

④其他除草剂 用微生物及其代谢物制成的除草剂,如草甘膦。

(2)根据除草剂的作用范围分类

①灭生性除草剂 能杀死所有绿色植物的除草剂,如百草枯、草甘膦。

②选择性除草剂 有选择地杀死某些绿色植物,而对另一些植物无害的除草剂,如莠去津、稀禾定、氟乐灵、除草通、地乐胺、敌草胺、恶草灵、扑草净、精稳杀得、喹禾灵、二甲四氯等。

十四、采收、贮藏与保鲜

1. 为什么要强调枣果适期采收？

枣果的成熟过程是不同品种特有的性状、色泽、营养和风味迅速定型的关键时期，只有适期采收才能最大限度地发挥优良品种的特性。过分早采（采青）或晚采，都会严重影响枣果的商品质量和产量。对于鲜食品种（如鲁北冬枣），过于早采的果实果皮尚未转红，果肉中的淀粉尚未充分转化成糖，汁少味淡，质地发木，外观和内在品质都会受到严重影响；而晚采又会使果实失去松脆感，且不易贮放。由于鲁北冬枣是典型的晚熟鲜食品种，所以脆熟期是冬枣采收的最佳时期，以果皮点完全转红时果味最佳。但在生产中，冬枣采收后，还需要经过运输、销售和贮藏保鲜的过程，若不是现采即食，就要适当早采，因为冬枣果面完全转红以后，已经进入脆熟期的后期，会在2～3天内进入完熟期。完熟期的冬枣将失去鲜脆状态，品质下降，故冬枣以在点红或半红期采摘为宜。山东沾化地区一般在9月底至10月初，此时采收有利于运输、销售、保鲜、贮藏。由于冬枣具有成熟期不集中的特点，最好分批进行采摘。

对于制干品种，早采不仅导致干枣果肉薄、皮色浅、营养含量低、风味差，严重影响质量，而且制干率低，对产量影响也很大。

不同用途的枣果的采收期不同。如加工蜜枣的，以白熟期采收为宜。此期枣果已基本发育到固有大小，肉质疏松，糖煮时容易充分吸糖，而且不会出现皮肉分离，制成成品后黄橙晶亮，半透明琥珀色，品质最佳；作鲜食和加工乌枣、醉枣用的，以脆熟期采收为宜。此期枣果色泽鲜红、甘甜微酸、松脆多汁，鲜食品质最好；制干用的枣,在晚熟期采收最佳。此期枣果已充分成熟,营养丰富,含水量少,不仅便于干制,且制干率高,而且制成的红枣色泽光亮、果形饱满、富有弹性,品质最好。

2. 枣果的成熟过程分为几个时期?

枣果实成熟期分为 3 个阶段:即白熟期、脆熟期和完熟期。

(1)白熟期 此期果皮绿色减褪,呈绿白色或白色。果实肉质松软,果汁少,含糖量低。用于蜜枣加工的应在白熟期采收。

(2)脆熟期 从梗洼、果肩变红到果实全红,质地变脆,汁液增多,含糖量剧增。用于鲜食和醉枣加工的应在此期采收。

(3)完熟期 果皮红色变深,微皱,果肉近核处呈黄褐色,质地变软。此期果实已充分成熟,制干品种此期采收,出干率高,色泽浓,果肉肥厚,富有弹性,品质好。

3. 无公害农产品采收有何技术要求?

(1)外观质量要求 主要指无公害农产品收获时的颜色、大小、形状、整齐度及结构等可见的外观质量属性。无公害农产品商品的整齐度是体现商品群体质量的重要外观质量标准,对这些质量要求虽依不同地区、产品种类或品种、商品用途甚至消费者嗜好而异,但也有共同的基本要求。

(2)洁净质量要求 主要包括清洁程度和洁净农产品百分率。洁净程度是指农产品个体表面是否受到明显污染,对受土壤、农药、化肥污染表面的叶菜、根菜,都应清洗上市,以提高其商品质量。生产者通过产后处理,将不能食用的部分,如蔬菜的老叶、根须等除去,一是可以提高农产品档次及市场价格,二是可以减少运输压力,三是可以使消费者买到安全食用的产品部分。同时,把非食用部分留在产区,不污染城市环境,还可废物利用。提高农产品洁净程度,不仅要注意收获后处理,同时要在品种选择、栽培方法上加以改进。

(3)商品质量要求 农产品都有合格质量的最低标准,此标准主要依据明显的感受病虫害、伤害、生理病害和严重的产品污染等来确定。如菜叶上有明显较多的病斑、蚜虫,农产品在运贮及销售中受到较严重的燃油或粉尘等污染,均视为不合格商品。无公害农产品商品要求的质量标准较高,凡产品基地环境如大气、土壤、水质(包括加工水)质检不符合《无公害农产品质量标准》均视为不合格商品。

总之,无公害农产品的商品质量与采收期关系较大。采收适期的确定主要有两条,一是应在品质最佳时期,二是符合市场要求的规格。通常,生产者对适期采收都能大体掌握其标准,但出现产量与质量矛盾时,往往重视产量而忽视质量,或单纯追求市场价值而忽视了产品应有的质量标准。所以,必须对无公害农产品生产制定出明确的质量标准,以此作为确定适宜采收期标准的依据。

4. 枣果应怎样分级?

枣果采收后应根据枣的质量和用途进行分级,以满足不同用途的需要。分级时,要根据品种的不同而使量化标准有所不同。一般枣果可分为以下 5 个等级。

(1)特级 果重较该品种平均值大 20% 以上,且果个较匀,果实肉厚,表面无皱,色泽纯正无颜色不匀现象,无霉烂果、浆烂果,机械损伤果及病虫果数量小于 3%,加工品种含水率小于 25%。

(2)一级 单果应达到该品种平均果重或略高,果个均匀,果实饱满,表面基本无皱,色泽纯正,无颜色不匀现象,无霉烂果、浆烂果,机械损伤果及病虫果小于 5%。

(3)二级 单果重略低于该品种平均重,不低于平均单果重的 10%,果肉较厚,表面皱褶较浅,色泽纯正,果色基本纯正一致,无霉烂、浆烂现象,机械损伤果及病虫果数量小于 10%。

(4)三级 单果重低于该品种平均果重 10% 以上,果肉薄,皱褶深,果实颜色发黄,基本无霉烂、浆烂现象,机械损伤果及病虫果数量小于 15%。

(5)级外果 单果重一般较小,果肉极薄,果色不一,大多为小果皱果或杂烂病虫果。

5. 鲜食枣果应怎样保鲜?

目前,鲜枣贮藏保鲜技术还不十分过关,不能长时间保存,一般只能保存 2~3 个月。影响枣果保鲜的因素有很多,如品种、贮藏条件(如温度、湿度、气体成分)等。

(1)选择相应的耐贮品种 耐贮品种有冬枣、西峰山小枣、西峰山小牙枣、团枣、蛤蟆枣、尖枣、木枣、十月红等。

(2)适时采收 一般成熟度越低越耐贮藏,但采收过早含糖量低,风味差,营养积累少,而呼吸代谢旺盛,消耗底物多,加之枣果表现活力低,抗不良条件能力差,不耐贮藏。因此,鲜食用品种在脆熟期采收为宜。

(3)采果 一般用手摘轻放,避免碰伤,并注意保持果柄完好无损。

(4)预冷 一般用喷水降温或浸水降温的方法预冷,目的是避免果实带入大量的田间热量,使呼吸减弱,利于延长贮藏期。

(5)药剂处理 用氯化钙浸果或采前喷氯化钙、赤霉素或甲基硫菌灵等药剂能延长贮藏期。钙能改变枣果中的水溶性、非水溶性果胶的比率,使大部分果胶变成非水溶性;其次,钙固着在原生质表面和细胞壁的交换点上,降低其渗透性,减弱呼吸作用。一般氯化钙使用浓度为 0.2%~2%,浸泡 0.5 小时。但药剂处理的效果与品种有关,所以应用时要选择适宜的药剂种类及适用浓度。

(6)装袋 减少水分蒸发,适当抑制呼吸,装入有孔塑料袋或保鲜膜袋中,既能保低温,又不会积累过多的二氧化碳,每袋装2~

4 千克枣果,封袋口分层放置。

(7)贮藏期间管理　将贮藏库湿度稳定在 90％～95％,二氧化碳浓度在 5％以下,并经常抽样检查果实变化情况,必要时及早出库。

6. 无公害果品贮运有何要求?

(1)运输要求　除要符合国家对无公害农产品运输的有关要求外,还要遵循 4 个方面的原则和要求:必须根据产品的类别、特点、包装要求、贮藏要求、运输距离及季节不同等而采用不同的手段;装运过程中所用工具(容器及运输设备)必须洁净卫生,不能对产品引入二次污染;禁止与农药、化肥及其他化学制品等一起运输;不能与非无公害产品混堆,一起运输。

(2)贮藏要求　无公害农产品的贮藏是依据贮藏原理和产品贮藏性能,选择适当的贮藏方法和较好贮藏技术的过程。在贮藏期内,要通过科学的管理,最大限度地保持产品的原有品质,不带来二次污染,降低损耗,节省费用,促进产品流通,更好地满足人们对无公害农产品的需求。

无公害农产品的贮藏应遵循 3 个方面的原则和要求:贮藏环境必须洁净卫生,不能对无公害农产品引入污染;选择的贮藏方法不能使无公害农产品品质发生变化,不能引起污染;贮藏中不能与非无公害农产品混堆贮存。

主要参考文献

[1]　夏树让,等．枣树无公害病虫草害综防技术问答．北京:中国农业出版社,2008

[2]　周正群．冬枣无公害高效栽培技术．北京:中国农业出版社,2001

[3]　高新一,等．枣树高产栽培新技术．北京:金盾出版社,2002

[4]　张安盛,等．安全优质果品的生产与加工．北京:中国农业出版社,2005

[5]　姜远茂,等．果树施肥新技术．北京:中国农业出版社,2002

[6]　于毅,等．果园农药 300 种．北京:中国农业出版社,2003

[7]　夏树让,等．优质无公害鲜枣标准化生产新技术．北京:科学技术文献出版社,2008

[8]　刘孟让,等．枣优质生产技术手册．北京:中国农业出版社,2004

[9]　郭庆宏,等．沾化冬枣主要病虫害防治图谱．山东科技出版社,2007

[10]　王远国,等．最新冬枣栽培实用技术．泰安:山东农业大学电子音像出版社,2006

金盾版图书，科学实用，
通俗易懂，物美价廉，欢迎选购

大果无核枇杷生产技术	8.50 元	石榴高产栽培(修订版)	6.00 元
橄榄油及油橄榄栽培技术	7.00 元	石榴整形修剪图解	6.50 元
油橄榄的栽培与加工利用	7.00 元	石榴无花果良种引种指导	13.00 元
无花果栽培技术	4.00 元	软籽石榴优质高产栽培	10.00 元
无花果保护地栽培	5.00 元	番石榴高产栽培	6.00 元
无花果无公害高效栽培	9.50 元	提高石榴商品性栽培技术问答	13.00 元
开心果(阿月浑子)优质高效栽培	10.00 元	石榴病虫害及防治原色图册	12.00 元
树莓优良品种与栽培技术	10.00 元	城郊农村如何发展苗圃业	9.00 元
人参果栽培与利用	7.50 元	林果生产实用技术荟萃	11.00 元
猕猴桃标准化生产技术	12.00 元	林木育苗技术	20.00 元
猕猴桃无公害高效栽培	7.50 元	绿枝扦插快速育苗实用技术	10.00 元
猕猴桃栽培与利用	9.00 元	园林大苗培育教材	5.00 元
猕猴桃高效栽培	8.00 元	园林育苗工培训教材	9.00 元
怎样提高猕猴桃栽培效益	10.00 元	林木嫁接技术图解	12.00 元
猕猴桃园艺工培训教材	9.00 元	杨树丰产栽培与病虫害防治	11.50 元
猕猴桃贮藏保鲜与深加工技术	7.50 元	杨树丰产栽培	20.00 元
提高中华猕猴桃商品性栽培技术问答	10.00 元	杨树速生丰产栽培技术问答	12.00 元
沂州木瓜栽培与利用技术问答	5.50 元	廊坊杨栽培与利用	8.00 元
石榴标准化生产技术	12.00 元	长江中下游平原杨树集约栽培	14.00 元
石榴无公害高效栽培	10.00 元	茶树高产优质栽培新技术	8.00 元

以上图书由全国各地新华书店经销。凡向本社邮购图书或音像制品,可通过邮局汇款,在汇单"附言"栏填写所购书目,邮购图书均可享受9折优惠。购书30元(按打折后实款计算)以上的免收邮挂费,购书不足30元的按邮局资费标准收取3元挂号费,邮寄费由我社承担。邮购地址:北京市丰台区晓月中路29号,邮政编码:100072,联系人:金友,电话:(010)83210681、83210682、83219215、83219217(传真)。

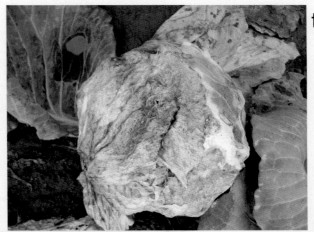

甘蓝软腐病病株

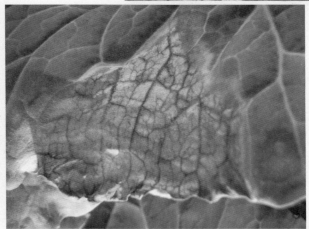

甘蓝霜霉病病叶

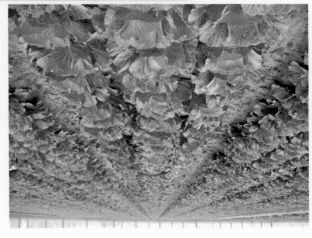

出口甘蓝
种植基地

4

甘蓝定植后
及时浇水

外运甘蓝

出口甘蓝人工
分级整理

3